家常饮食巧用心

产后调理不发愁

主　编　柴瑞震

 吉林科学技术出版社

图书在版编目（ＣＩＰ）数据

产后调理不发愁 / 柴瑞震主编 . -- 长春 ：吉林科学
技术出版社，2015.6
（家常饮食巧用心）
ISBN 978-7-5384-9321-4

Ⅰ．①产… Ⅱ．①柴… Ⅲ．①产妇－妇幼保健－食谱
Ⅳ．① TS972.164

中国版本图书馆 CIP 数据核字（2015）第 124970 号

产后调理不发愁

Chanhou Tiaoli Bu Fachou

主　　编	柴瑞震
出 版 人	李　梁
责任编辑	孟　波　李红梅
策划编辑	朱小芳
封面设计	伍　丽
版式设计	成　卓
开　　本	723mm×1020mm　1/16
字　　数	200千字
印　　张	15
印　　数	10000册
版　　次	2015年7月第1版
印　　次	2015年7月第1次印刷

出　　版　吉林科学技术出版社
发　　行　吉林科学技术出版社
地　　址　长春市人民大街4646号
邮　　编　130021
发行部电话/传真　0431-85635177　85651759　85651628
　　　　　　　　　85677817　85600611　85670016
储运部电话　0431-84612872
编辑部电话　0431-86037576
网　　址　www.jlstp.net
印　　刷　深圳市雅佳图印刷有限公司

书　　号　ISBN 978-7-5384-9321-4
定　　价　29.80元

前言 Preface

　　从怀胎十月到一朝分娩，最艰难的时刻已经过去，新妈妈可以稍微松口气了。但由于分娩消耗了大量体能，而宝宝也需要母乳的喂养，所以产后的新妈妈最需要做的就是休养，调理好身体，以期恢复到最佳状态。

　　产后新妈妈固然需要进补，但饮食要根据其身体状态决定，要在正确的时间，选择合适的食物来调养，切勿大量进食，或过早节食。应在均衡饮食的基础上，有针对性地补充重点营养。

　　本书为产后的新妈妈精选了70种宜吃食材，并重点介绍每种食材的营养成分、主要功效及食用建议，还特别推荐了2-3道营养食谱，图文并茂，详解其制作原料与制作过程。另外，本书还将多种产妇须慎吃的常见食物列出，帮助新妈妈轻松摆脱饮食禁忌。

　　在本书中，您不仅可以找到产后在饮食起居上的调理知识，还能学习到不同食材的食用小窍门、一日食谱设计指导和安排、多种产后不适症状的饮食调养及其预防护理知识等内容。

　　最重要的是，本书为产后的新妈妈推荐了253道简单易做、营养健康的家常菜肴，且每道菜品皆配有相应的二维码，轻松一扫即可看到制作视频，给您最生动的阅览体验，一看就懂，一学就会。

　　希望能够帮助新妈妈顺利度过产后这段特殊的时期，快速恢复到最佳状态，成为可爱的母亲、美丽的妻子。

目录 contents

Part1　正确调理，产后更健康

Part2 精选食材，产后吃出好体质

Part3 慎吃这些，产后养身要注意

Part4　对症调养，减轻产后不适

正确调理，
产后更健康

Part 1

　　从怀孕到生育，女性的生理发生了很多的变化，同时给女性带来很大的压力，许多新妈妈因为缺乏经验而显得一筹莫展。其实，这时候产妇最需要的是好好休养，从饮食、起居、疾病防护、心理调节、健体美容等各方面入手，抓住关键，做好细节，就可以顺利度过产褥期，使身心恢复到最佳状态。而妈妈营养好，状态好，宝宝便能在和谐的家庭中健康地成长。

产后饮食调养原则

产后女性一方面要补充妊娠、分娩所消耗的体能以恢复健康，另一方面还要生产乳汁来喂养婴儿，其能量消耗巨大，必须摄入充足的营养，好好调养身体。

01 主食宜多样化

产后需要全面补充营养，所以饮食要多样化。粗粮和细粮都要吃，而且粗粮营养价值更高，比如小米、玉米粉、糙米、标准粉，它们所含的B族维生素都要比精米、精面高出好几倍。

02 摄入充足的蛋白质

产后应比平时多摄入蛋白质，尤其是动物蛋白质，比如鸡、鱼、瘦肉，动物肝、血所含的蛋白质。另外，豆类也是必不可少的佳品。但蛋白质的摄入不宜过量，否则会加重肝肾负担，反而对身体不利，每天摄入95克即可。

03 多吃蔬菜与水果

蔬菜水果是必不可少的食物，它们既可提供丰富的维生素、矿物质，又可提供足量的膳食纤维素，以防产后发生便秘，对维护产妇健康有重要的作用。但要注意的是，产妇不要食用寒凉的蔬果，比如梨、柿子、马蹄等，也不要吃温热使人上火的蔬果，比如杏。

04 多进食各种汤饮

汤类味道鲜美，且易消化吸收，还可以促进乳汁分泌，如红糖水、鲫鱼汤、猪蹄汤、排骨汤等，但须汤肉同吃。红糖水的饮用时间不能超过10天，因为时间过长反而使恶露中的血量增加，使新妈妈处于一种慢性失血状态而发生贫血。而且，汤饮的进食量要适度，以防新妈妈胀奶。

05　不吃酸辣食物及少吃甜食

酸辣食物会刺激产妇虚弱的胃肠而引起诸多不适，而且辛辣的食物可助内热，使产妇虚火上升，导致口舌生疮、大便秘结等症状；而吃过多甜食不仅会影响食欲，还可能使热量过剩而转化为脂肪，引起身体肥胖。因此，至少在产后5至7天内，饮食宜清淡。

06　适时喝催乳汤

为了尽快下乳，许多产妇产后都有喝催乳汤的习惯。但是，产后什么时候开始喝这些"催乳汤"是有讲究的，如果一生完孩子就给产妇催乳，会导致产妇的身体更加虚弱。

首先，要掌握乳腺的分泌规律。一般来说，初乳的分泌量不会很多，加之婴儿此时尚不会吮吸，所以好像无乳，但若让婴儿反复吮吸，初乳就通了。大约在产后的第四天，乳腺才开始分泌真正的乳汁。此时，产妇的身体才得到一定程度的恢

复，如果乳量确实不足，才考虑按产妇的身体情况安排适当的催乳食品。

其次，注意产妇身体状况。若是身体健壮、营养好、初乳分泌量较多的产妇，可适当推迟喝催乳汤的时间，喝的量也可相对减少，以免乳房过度充盈造成乳汁淤积而引起不适。如产妇各方面情况都比较差，就要喝得早些，量也多些，但也要根据体质而定，以免过量而增加胃肠的负担导致消化不良。一般来说，顺产的产妇，第一天比较疲劳，需要休息才能恢复体力，不要急于喝汤；若是剖腹产的产妇，下乳的食物可适当提前供给。

07　产后催奶饮食因人而异

从中医的角度出发，产后催奶应根据不同体质进行饮食和药物调理。

气血两虚型：体虚或因产后大出血而奶水不足的产妇可用猪脚、鲫鱼煮汤，或添加当归、红枣等补气血的药材。

肾虚型：可进食麻油鸡、花胶炖鸡汤、米汤冲芝麻。

湿热型：可喝豆腐丝瓜汤等具有清热功效的汤水。

痰湿中阻型：一般都是肥胖、脾胃失调的产妇，可多喝鲫鱼汤，少喝猪蹄汤和鸡汤，适当加点有健脾化湿功效的药材。

肝气郁滞型：平素性格内向或出现产后抑郁症的妈妈们，建议多泡玫瑰花、茉莉花等花草茶。另外，用鲫鱼、通草、丝瓜络煮汤，或用猪蹄、漏芦煮汤，可达到疏肝、理气、通络的功效。

血淤型：可喝生化汤、红枣水，吃点猪脚姜（姜醋）、益母草煮鸡蛋等。

产后起居护理注意事项

　　产后女性的身体非常虚弱，尤其还在产褥期的产妇，在生活中稍不留意就可能会落下病根，造成不可弥补的伤害。产后的起居生活要重视每一个细节，切实做好护理工作，才能恢复健康，获得更成熟的美丽。

01 产褥期一般护理

　　产褥期是产妇最重要的休养期，自然分娩者需要休息30天左右，剖腹产、自然流产或者人工流产则需要40天以上的时间去休养。产褥期要认真去观察产妇的身心状况，每日早晚都测量其体温、脉搏及呼吸，做到若有病症尽早发现，及时防治，以保证产妇的身体健康。

　　产褥期产妇有恶露、出汗比较多，要及时更换护垫及贴身衣物、被单等，保持环境干净。

　　要保证产妇有足够的营养及睡眠，尽量减少亲友来访，进行护理工作时也不要影响产妇的休息。

　　还有，要鼓励产妇早下床活动，多喝水，摄入富含纤维素的食物，早进行排泄，预防尿潴留及便秘等。

02 产后注意睡眠姿势与床

　　经过妊娠及分娩后，女性维持子宫正常位置的韧带变松弛，子宫的位置会随着体位的变化而有所变动，而产妇长时间卧床，单一的姿势很可能会改变子宫的正常位置，比如长时间仰卧，可导致子宫后位，使产妇腰膝酸软、腰骶部坠胀等。

　　所以，产妇不要长时间仰卧，早晚可采取俯卧位，平时可采取侧卧位，这样可以防治子宫后后位，并促进恶露排出。

　　剖腹产产妇则宜取半卧位卧床。因为剖腹产产妇的身体恢复能力比顺产者要弱，一般要在产后24小时后才可以起床活动，因此恶露不容易排出。这时，宜采取半卧位，并多做些翻身动作，这样可以有助于恶露排出，避免其淤积在子宫腔内，影响子宫的恢复及健康。而且，这样也可帮助子宫切口愈合。

　　另外，产妇不要睡在太软的床上，因为分娩后产妇的骨盆尚未恢复，缺乏稳固性，软床不利于产妇翻身坐起，容易引发骨盆损伤。产妇最好睡硬板床，或者选用有一定硬度的弹簧床。

03　学会减轻会阴疼痛

胎儿出生过程中对会阴多少都会造成一定程度的损伤，因此会阴疼痛是普遍存在的，多数产妇的会阴愈合需要7至10天的时间，但也有些人需要一个月左右的时间。下面的一些建议有助于产妇的会阴痊愈，减轻痛苦。

保持清洁：多换卫生巾，至少每4个小时换一次；小便后用温水冲洗会阴，并用干净纸巾轻轻擦干；淋浴可以起到缓解疼痛的作用。

采取舒服的姿势：产后不宜长时间站立或者坐着，给宝宝喂奶时要坐舒服或者侧躺着。

适当锻炼：产后根据身体恢复情况，尽快做骨盆底肌肉练习，适当锻炼有助于身体康复。

如果无论如何做，疼痛感都没有减轻的话，建议尽快去医院就诊。

04　注意个人卫生

产后妇女身体十分虚弱，同时伴有会阴部分泌物较多、容易出汗等问题，如果长时间不洗刷，就会造成个人卫生问题，不利于产妇的身心健康。传统上，"月子"期间不能洗澡、不能洗头，担心受风着凉导致身体落下病根，但这并不合理。

产妇至少每天要用温开水清洗外阴部，勤换护垫，保持会阴部清洁和干燥。在顺产的情况下，产后一周就可以洗澡、洗头了，但必须淋浴，不可盆浴，以免引起生殖道的伤口感染。但如果是剖腹产的情况，沐浴清洗的时间要延后，视个人体质及伤口愈合情况而定。临床经验证明，产妇洗澡后可以缓解疲劳，使产妇气色好转、睡眠加深、排便正常，能较快地恢复体力。

另外，体力允许的话，产妇产后第二天便可以刷牙了，不然也要在第三天开始刷牙，最好用温开水刷，以减少对牙齿及齿龈的刺激。

05　产妇的日常衣着

产妇抵抗力比较弱，极容易受风着凉，所以穿衣一定要注意防风防寒，但穿着也不必过于严实，应根据季节的变化而增减。

如果天气比较热，就不一定要穿长衣

长裤，稍露肢体也是可以的，但衣着要经常换洗，尤其是产妇的贴身衣物要经常换洗。由于产后乳腺管呈开放状，为了避免堵塞乳腺管，胸罩应该选择透气性好的纯棉布料，可以穿着在胸前有开口的喂奶衫或专为哺乳设计的胸罩。

如果产妇刚淋浴完，应该穿上长衣长裤和袜子。天气好的时候到户外晒太阳，上衣起码应穿半袖衫，并做好防晒准备。

如果天气比较冷，但屋子里没有风吹进来的话，也不用戴帽或裹头。但外出时，适当系上围巾，最好能带上头巾，以防着凉。

另外，为了保持体形好看，有些产妇会用紧身衣来束胸或者束腰，这样是不利于健康的。衣服还是宜穿略宽大的，腹部可以适当用布来裹紧，以防腹壁下垂，同时有利于子宫复原。

还有，产妇穿的鞋子要宽松方便、底子要软并且鞋底防滑，这样产妇站较长时间也不会累，也不会因为身体虚弱而轻易滑倒。

06 产妇居室宜定时通风

封闭的空间中容易积聚大量的菌落，通风换气是减少细菌最好的方法。产妇的身体虚弱，抵抗能力差，不能受风着凉，但也不能长期待在不通风的居室里，否则不仅容易受病菌感染，还会使产妇感到憋闷，产生抑郁。所以，可以考虑将产妇暂时转移其它地方，定期对产妇居室进行开窗换气，保持空气新鲜。

07 产后脱发注意事项

产后脱发一般会发生在产后1至5个月期间，尤其是3至4个月更为明显，但通常会在6至12个月内自行恢复。一般来说，产后脱发是正常生理现象，产妇应先了解引起产后脱发的根本原因，再进行针对性的处理。

护理不当： 在产褥期，由于不敢洗头，也很少梳头，头皮的皮脂分泌物与灰尘等杂质混合，影响头皮的血液供给，还可能引起毛囊炎或头皮感染，从而导致大量脱发。因此，产后一周应开始定期用热水洗头，每天则应多用木梳梳头或用手指按摩头皮。

营养失衡： 产妇消化和吸收功能不良，或者饮食单调、偏食、节食等，导致产妇自身营养缺乏或者营养不均衡，由此影响头发的生长与代谢，导致脱发。因此，产妇必须要注意饮食恰当。

激素落差： 分娩前孕妇的雌激素增加，头发寿命延长，脱发的速度减慢，而分娩之后，雌激素恢复正常水平，原"超龄"的头发便会掉落，而新发尚未长出，导致脱发。因此，产妇不必过于担心，头发可以重新长回来。

情绪波动大：产妇分娩后由兴奋状态转入疲惫状态，甚至可能出现脆弱、抑郁、焦虑等不良情绪，导致大脑皮层功能失调，自主神经功能紊乱，使头皮供血减少，对头发供养不足，导致脱发。因此，产妇要学会自我调节，使心态平稳。

08 ＞ 哺乳注意事项

哺乳婴儿要掌握正确的哺乳方法以及保护乳房的方式。哺乳婴儿时，将婴儿放在胸前，让婴儿的胸部、腹部都贴着母亲的身体，头部稍微倾斜，下巴碰到胸部，张开嘴巴正好含住整个乳晕而不是顶端。而且要轮流用两边的乳房来哺育婴儿，避免造成一边胸大一边胸小。

哺乳前，产妇可以先柔和地按摩乳房，或者在乳房周围洒上一些温水，这样有利于刺激乳汁分泌。另外，如果感觉乳头过于柔软，可以将分泌的乳汁涂在乳头上，可帮助增强乳头的弹性。

哺乳完后，注意不要一下子用力从婴儿的嘴中拉出乳头，以免造成损伤。待婴儿吐出乳头之后，可以用冷毛巾擦拭乳房，让血管收缩，从而减少肿胀的情况。

还有要注意的是，哺乳期不需要擦洗乳头，更不要用酒精、肥皂等擦洗乳头，以免引起乳头及周围皮肤干燥或皲裂。当乳头发生皲裂时，首先要做好局部卫生，避免感染的发生。其次可以用小儿鱼肝油涂在乳头上，喂奶时将其洗净即可。

9 ＞ 正确断奶

婴儿到了10个月大的时候，母乳的营养物质已不能满足其对营养的需求，这时就需要考虑给孩子断奶了。但如果正处于酷暑或者严冬时节，则可推迟一段时间，因为婴儿的抵抗力并不强，改变饮食习惯容易引起肠胃不适，加上天气的影响会导致孩子生病。

给婴儿断奶不可强硬进行，要逐渐增加辅食，逐渐减少哺乳量及哺乳次数，让孩子逐渐适应新的饮食习惯，也就自然而然地实现断奶。

断奶后，产妇应少喝汤水，减少热量的摄取，以减少乳汁分泌或较快回奶。另外，可先用按摩的方式挤出乳汁，再用布将乳房束紧，如果没有感觉到涨奶，就不需要挤奶，以免刺激乳汁分泌。

产后疾病防治

产后妇女体质较差，一旦患上疾病不仅会影响产妇的身体健康，还会对婴儿带来诸多不利的影响，并给家庭带来困扰。因此，产后防治疾病非常重要，产后保健是否做好，关系一家人以后的幸福与否。

01 防治产后风

俗称的"月子病"，是指妇女产后受风湿寒邪所引起的以肌肉关节酸楚、疼痛为主要表现的疾病。产后风多在产后几天或几周出现症状，也可在体内潜伏几年甚至更久，随着体质减弱而发病。如果坐月子期间做好保健工作，只要稍加调养，就可远离产后风的困扰。

避免受寒： 产妇在产褥期要避免受寒，不能吹冷风或是喝凉水，洗漱宜用温水，饮食方面要注意不能吃寒凉或刺激性的食物。

注意休息： 产妇平时要特别注意避免身体劳累或精神刺激，保持心平气和、情绪稳定，切忌过度劳累。

勿过度活动关节： 分娩前一点小小的刺激都能在分娩后出现问题，因此产妇在产后2~3周内绝对不能过度活动关节，以免损伤关节而引发产后风。

适时服用补药： 产后补虚的中药对恢复气血、帮助身体恢复、预防产后疾病效果显著，但要注意宁迟勿早，必须要等恶露完全排净后服用，以免导致反效果。

注意居室卫生： 产妇坐月子期间，居住的房间要向阳、通风、干燥，保持空气新鲜，避开潮湿、阴冷，这样有利于身体恢复，避免产后风。

02 防治尿潴留

尿潴留是产褥期常见的不适症状，不仅可能影响子宫收缩，导致阴道出血量增多，还可能造成产后泌尿系统感染。其预防主要在产程中，家属要积极面对，尽量减少造成产程延长的因素，以免产妇过度疲劳。下面方法则可帮助缓解已发生的尿潴留症状：

条件反射法： 拧开水管或用水杯倒水，让流水声刺激排尿中枢，诱导排尿。

局部热敷法： 将500克食盐炒热，包

好后趁热敷在小腹，冷却后炒热再敷；让产妇坐在50℃左右热水中浸泡，每次5~10分钟；用开水熏下身，让水汽充分熏润会阴部，但身体不能接触水。这些方法都可以促进膀胱肌肉收缩，利于排尿。

吹鼻取嚏法： 用少许皂角粉吹入产妇鼻中取嚏，可促使排尿成功。

加压按摩法： 在排尿时顺时针按摩小腹，并逐渐加压，可促进排尿。

呼吸调息法： 吸两次气，呼一次气，反复进行，直到排尿为止。

通下大便法： 以开塞露注入肛门，有便意时排便，一般尿液会随着大便排出。

03　防治宫缩痛

产后子宫要通过加强收缩才可以实现复原，所以，产后腹部会出现抽筋般的疼痛，这属于正常现象，但会造成不同程度的不适，通过以下方式可以缓解。

避免腹部用力： 日常生活中，产妇要避免做一些需要腹部比较用力的动作，比如长时间走路或者搬动重物等，腹部用力容易引起宫缩。

注意休息： 在感到疲倦时要及时休息，静躺可以有效减少宫缩的发生。

放松心情： 精神疲劳往往伴随着无形的压力，使腹部不自觉地变紧实，从而引发宫缩。因此，放松精神、舒缓压力很有必要。

注意保暖： 下肢及腰部受冷，也会引起宫缩，产妇应注意保暖，穿上长衣长裤以及袜子等。

热敷： 当宫缩引发的疼痛十分强烈时，可以用热敷来缓解不适。

按摩： 按摩小腹也是缓解疼痛的方法，搭配一些驱寒舒筋的外物作用更有

效，比如加热的姜汁米酒，将其搽在小腹上，并按摩至吸收，可有效缓解宫缩痛。

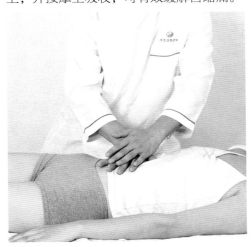

04　防治乳腺炎

产妇没有让婴儿将奶汁吸尽或者乳房发育不良等原因导致乳管郁积，加上病菌入侵乳房，造成感染，便会形成乳腺炎。乳腺炎要尽早治疗，任其发展，危害性很大。轻者不能正常哺乳，重者需要进行手术。所以，在日常生活中要注意防治乳腺炎，及早预防或尽早治疗。

不留乳汁： 每次喂奶时尽量让婴儿吸空乳汁，否则应用手挤出或用吸奶器吸出余下的乳汁。

避免乳头破裂： 日常注意保养好奶头，并且不要让婴儿含着乳头睡觉，以免婴儿咬破乳头。

及时去病： 发现乳头上的病要及时清除，以免乳汁排出不畅。

热敷消肿： 一旦发现乳房有硬块要及时处理，可用热毛巾或者热水袋热敷，再用手加以按摩，挤出乳汁，使硬块消失。

产后心理调整

孩子的到来将给一个家庭带来巨大的变化，产妇的人生更是深受影响，如果产妇及家人不能平衡好孩子与产妇的重要性，就会使产妇的身心承受沉重的压力而导致其心理出现不良的走向。

01 产妇面临的问题

产后女性虽然减轻了十月怀胎的负担，但是新的问题会不断出现，这个时候产妇需要得到周到的关怀，也需要学会自我调节，因为产妇所面临的难关并不比怀孕时少。

角色变换：家中添了新成员，自己身份也发生了转变，身为母亲，需要兼顾好多种角色，还要照顾到家人的需求，各种问题会让产妇身心俱疲。

出现落差感：怀孕前将母亲的角色过分理想化，但随着宝宝出生，可能感觉得不到家人足够的心理支持，或者丈夫关怀陪伴时间不够多，婴儿性别没有符合期望等现实与期望出现诸多落差，使情绪更加压抑。

身心变化：因怀孕、分娩造成身体功能、身体结构、社会功能和身体感觉四方面的改变，会产生"生活感觉不自在"、"身材无法恢复"等想法，给自身带来诸多困扰。

自我空间减少：有了宝宝，日常作息要根据宝宝来调整，不再能随心所欲，有时忙得完全无法顾及自己的生活，自我空间大大减少，这种状况通常要持续一段时间，直到习惯后方可好转。

02 不良心态的表现

据了解，约有三分之二的产妇在产后都会表现出不同程度的焦虑、不安、情绪低落等。轻者对生活基本没有什么影响，过段时间就会适应，重者则会有较严重的抑郁症。抑郁症多在产后第2周产生，产后4至6周症状更为明显。主要表现为以下特征：

主动性降低：产妇注意力难以集中，反应迟钝，处理事情的能力下降。

失去信心：产妇与身边的人关系不和谐，自暴自弃，否定自己。

情绪低落：产妇觉得孤独、焦虑，不愿见人，喜怒不定，夜间更严重。

03 ▶ 缓解压力，调整好心态

产妇面临的诸多问题，除了家人尽量帮助解决外，最重要的是产妇要找到合适的疏导压力的方式，等产妇适应了这些变化，心理回归正常状态，便能解决所有的问题。

适当进行运动：产妇千万不要每天关在家里不出门，即便是在冬天，只要条件允许，也应该多到外面走走，也可以带着宝宝一起散散步。此外，还可以适当进行体育锻炼，有助于转移注意力，也能缓解焦虑心情。

多与人沟通：产妇可以尝试多参与一些社会上组织的育儿活动，这样既可以得到专业的育儿指导，还可以和身份相同、经历相似的妇女沟通，找到与自己"志趣相投"的人，也能帮助缓解压力。

坚持合理饮食：月子期的身体调养很重要，产妇应合理饮食，可以调节情绪，比如多吃鸡肉、贝类、瘦肉、鱼肉、面包等食物，在摄取营养的同时也悄然改善了心情。

保持作息规律：产妇不妨抽出一些时间按照事情的轻重缓急来做计划，最重要的事情优先处理，再处理次要的。这样一来，产妇也可以赢得更多的时间来休息，心情也能更加放松。

保证充足睡眠：产妇睡眠不足，就会无精打采、疲惫不堪，还可能会感到头晕脑涨、烦躁不堪，这样对身体的伤害是很大的。产妇应尽量抓紧时间休息，也可以让家人帮忙多照顾下宝宝。有了良好的能量储备，能让人精神更饱满，做起事来也更有效率。

合理安排分工：宝宝需要照顾，但产妇也同样需要被呵护。整个家庭需要有明确的分工，将坐月子期间的看护任务明确好，比如谁来照顾宝宝、谁来洗衣服、谁来安排一日三餐等。这样才能使家庭和睦，也减少了不必要的纷争，有利于缓解产妇的不稳定情绪。

懂得咨询医生：宝宝一出生，几乎所有人都会将注意力转移到孩子身上，而往往忽略产妇的情绪变化。如果产妇的忧郁情绪持续存在或加重，就有必要尽快寻求专业人士的帮助，进行一些药物和心理方面的治疗和疏导，从而控制好忧郁情绪的发展势头。

产后健体美容

产后保持苗条的身材与美丽的面容是所有产妇的愿望，虽然妊娠、分娩造成产妇的身体变化很大，但分娩后产妇也迎来改造体质的黄金时期，只要做好健体美容的关键点，产妇就可以变得比以前更美丽。

01 产后如何健体

据调查，产后6个月是控制体重、重塑体形的黄金时期，6个月之后，体形已基本固定，再要塑造体形就更难了。产后健体主要抓住以下几点：

经常运动：健体宜在产后早期就开始进行，一般来说，正常分娩的产妇在3天后就可以下地活动，两周左右就可以开始做健美操了。其实在日常生活中，产妇随时可以多做不同的运动，比如上楼不乘电梯，最好选择走楼梯；短距离出门不乘车，最好选择步行；在刷牙、洗澡、做饭、收拾屋子时，随时随地做收腹运动，锻炼腹部肌肉等。

合理哺乳：正确的哺乳方法有利于产妇保持体形。哺乳会消耗母亲体内过多的热量，从而改变产妇的新陈代谢，使其不用节食就可以达到减肥目的。婴儿在出生后10至12个月的时候，其肠胃消化功能基本完善了，对营养的需求逐渐增加，母乳也不能满足其需要，这便是断奶的最佳时期。过早或过迟断奶，对宝宝及产妇的身体都不利。

束腰：从产后第2周开始，就可以在白天使用束缚力较强的束腹产品或布束腰，靠其强劲的紧缩力道消除囤积在下腹的脂肪，同时帮助腹直肌及左右骨盆恢复原状。

饮食适度：饮食要有规律，注意营养均衡，切忌无规律吃喝或者偏食，不必刻意节食。

02 保养皮肤，减少妊娠纹

妊娠纹是由子宫增大使皮肤弹性纤维断裂而造成的，在孕期就可能出现，产后也不一定能消除。在怀孕期间可以多吃富含胶原蛋白和弹性蛋白的食物，如猪蹄、猪皮，或在容易长妊娠纹的部位多搽一些润肤露，可以有效预防妊娠纹。

产后消除妊娠纹则要多下功夫。可以在洗澡时用热毛巾对腹部、腿部等出现妊娠纹的部位进行揉洗，然后涂上热牛奶，揉至吸收，再涂上一些紧肤霜，收紧皮肤，淡化斑纹。

另外，针对腹部妊娠纹，产妇可以先滴一些润肤油在腹部，再以腹部为中心，按一定方向不断地绕圈按摩，将润肤油涂满整个腹部即可。

针对臀部的妊娠纹，产妇可以先将润肤油滴在臀部皮肤上，再用手由下往上、由内而外地按摩，将按摩油涂满臀部后，可以进行适当的臀部收紧运动，比如向后抬腿，这样会有效减轻妊娠纹。

03 做好面部护理

由于怀孕以及产后机体状态和生活规律的改变，女性面部会出现一些黄褐斑或者色素沉着，还有黑眼圈、痘痘肌等问题出现，而要改变这些，需要在日常生活中做到养护结合，才能逐步消除。

保持精神愉悦：产妇要保持平和的心态及愉快的情绪，忘掉烦恼，以积极的心态面对一切，使身体处于舒适的状态，就可以减少问题的产生。

保证充足的睡眠：产妇要尽快适应孩

子的作息规律，并学会利用空闲时间来休息，尽量保证每天有8个小时以上的睡眠时间，这样一定可以有好的气色。

补足水分：平时多喝水以及多吃富含水分的食物，既可以补充面部皮肤的水分，还可以加快体内毒素的排出。

饮食宜清淡有营养：不要偏食油腻食物，多吃水果蔬菜及少油的肉类，补充维生素及蛋白质，对于产后美容养颜有重要的意义。

定时排便：养成定时排便的习惯，这样有利于排出肠道内的毒素，减轻身体的负担，避免皮肤因吸收毒素而变得灰暗、粗糙。

选择适当的护肤品：虽然说产妇不宜接触化妆品，但其实使用一些天然成分或中药类的护肤品对身体及宝宝并没有什么坏处。平时避免日照，需要晒太阳的时候，可以用一些防晒品来护肤。

自制简易护肤品：日常生活中美肤的材料数不胜数，譬如冬瓜、黄瓜、香蕉等，将其捣成泥状，敷在面上，便可以起到很好的美容效果。

精选食材，
产后吃出好体质

Part 2

　　产妇分娩后由于体力大量消耗，身体变得十分虚弱。同时，新生儿生长发育所需的营养也来自产妇的乳汁。所以，为了自身的恢复以及孩子的健康成长，产妇必须摄入充足的营养。在日常饮食中，应该有针对性地去选择食材，做到既合产妇胃口，又有助于促进其身体健康，一举两得。本章精选出丰富的食材，搭配多款美味菜例，为解决产妇的饮食问题提供行动指南。

蔬菜类

白菜

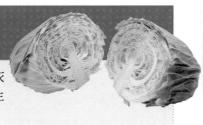

营养成分：蛋白质、脂肪、碳水化合物、粗纤维、灰分、胡萝卜素、维生素B_1、维生素B_2、尼克酸、维生素C、钙、磷、铁、钾等。

主要功效

白菜含有丰富的粗纤维，能促进肠壁蠕动，稀释肠道毒素，不仅有利于增强食物的消化，还可以起到减慢脂肪堆积的效果，产妇可经常性食用，从而达到预防便秘及产后瘦身的目的。

食用建议

每餐食用量约100克即可，不宜过量。切白菜时，宜顺丝切，这样白菜易熟。另外，已经腐烂的白菜不能食用，因其含有亚硝胺，易致癌。

烹饪时间
Times
8分钟

上汤枸杞白菜

◎烹饪方法：煮　◎口味：清淡

原料

娃娃菜270克，鸡汤260毫升，枸杞少许

调料

盐2克，鸡粉2克，胡椒粉、水淀粉各适量

做法

1.锅中注水烧热，倒入鸡汤，加入盐、鸡粉，煮至汤汁沸腾，倒入洗净的娃娃菜，拌匀，煮至软。2.捞出娃娃菜，沥干装盘。3.锅中留少许汤汁烧热，倒入洗净的枸杞。4.加入适量胡椒粉拌匀，用适量水淀粉勾芡，调成味汁，盛出，浇在娃娃菜上即可。

板栗煨白菜

◎ 烹饪方法：焖煮　◎ 口味：清淡

烹饪时间 Times 20分钟

原料
白菜400克，板栗肉80克，高汤180毫升

调料
盐2克，鸡粉少许

做法

1. 将洗净的白菜切开，再改切瓣。
2. 锅中注水烧热，倒入高汤、洗净的板栗肉，煮至沸，放入白菜，加入盐、鸡粉调味。
3. 盖上盖，用大火烧开后转小火焖15分钟，至食材熟透。
4. 揭开盖，撇去浮沫，将菜肴装盘即可。

制作指导：最好不要将白菜心一起煮，以免煮烂了影响口感。

菠菜

营养成分：蛋白质、膳食纤维、类胡萝卜素、维生素A、维生素B、维生素C、维生素K、叶酸、钙、铁、钾、钠、辅酶Q10等。

主要功效

菠菜中富含的维生素A、B、C以及叶酸能消除紧张情绪，改善忧郁的心情。产妇食用菠菜，可有效增强体质，防治抑郁症，减轻精神困扰。另外，菠菜富含铁质，可促进血液生产，有利于改善产妇失血过多的状况。

食用建议

以每餐约100克以内的食用量为宜；菠菜不宜和豆腐一起吃，因为菠菜中的草酸会与豆腐中的钙结合，生成草酸钙，不利消化。

沙姜菠菜

◎烹饪方法：炒　◎口味：微辣

原料

菠菜300克，沙姜35克

调料

盐3克，鸡粉、食用油各适量

做法

1.洗净的沙姜拍破，切碎；洗净的菠菜切去根部。2.用油起锅，倒入沙姜，炒香。3.放入菠菜，翻炒均匀。4.淋入少许清水，翻炒至熟软。5.加入盐、适量鸡粉，快速炒匀，盛菜装盘即可。

烹饪时间
Times
3分钟

烹饪时间
Times
7分钟

菠菜猪肝汤

◎烹饪方法：煮　◎口味：鲜

原料

菠菜100克，猪肝70克，姜丝少许

调料

高汤、盐、鸡粉、白糖、料酒、葱油、味精、水淀粉、胡椒粉各适量

做法

1.猪肝洗净切片；菠菜洗净，对半切开。
2.猪肝片加适量料酒、盐、味精、水淀粉拌匀腌制片刻。3.锅中倒入适量高汤，放入少许姜丝，适量盐、鸡粉、白糖、料酒烧开。
4.倒入猪肝、菠菜拌匀，煮至食材熟透。
5.淋入适量葱油，撒入适量胡椒粉拌匀，盛汤装碗即可。

菠菜牛奶稀粥

◎烹饪方法：煮　◎口味：清淡

原料

米碎90克，菠菜50克，配方奶120毫升，少许温开水

做法

1.洗净的菠菜切成小段，装入盘中，待用。2.取榨汁机，放入菠菜、少许温开水，榨成汁水，滤入碗中。3.砂锅中注水烧开，倒入配方奶，加入米碎，拌匀。4.盖上盖，烧开后用小火煮约20分钟至熟。5.揭盖，倒入菠菜汁，拌匀，加盖，用小火煮至食材熟透即可。

烹饪时间
Times
26分钟

芹菜

营养成分：蛋白质、碳水化合物、胡萝卜素、粗纤维、B族维生素、维生素A原、维生索C、维生素P、芦丁、钙、磷、铁、钠等。

主要功效

芹菜含有丰富的粗纤维，可以促进肠胃蠕动，帮助带走体内的垃圾，改善产后妇女经常遇到的便秘问题。另外，芹菜所含的芦丁能降低血清胆固醇，从而减少体内脂肪积聚，起到减肥瘦身的效果，有利于产妇恢复身材。

食用建议

每餐食用量以50克为宜。芹菜可炒，可拌，可熬，可煲，还可做成饮品。芹菜叶中所含的胡萝卜素和维生素C比茎中的含量多，因此不要把能吃的嫩叶扔掉。

烹饪时间
Times
4分钟

芹菜炒蛋

◎烹饪方法: 炒　◎口味: 鲜

原 料

芹菜梗70克，鸡蛋120克

调 料

盐2克，水淀粉、食用油各适量

做 法

1.洗净的芹菜梗切成丁。2.取来鸡蛋，打入碗中，加入盐、适量水淀粉，搅拌匀，制成蛋液，备用。3.用油起锅，倒入芹菜梗，快速翻炒片刻，至其变软。4.加入盐，翻炒一会儿，至芹菜梗入味。5.再倒入蛋液，用中火略炒片刻，至全部食材熟透，盛入盘中即可。

枸杞红枣芹菜汤

◎烹饪方法: 煮　◎口味: 清淡

◎ 原 料

芹菜100克，红枣20克，枸杞10克

◎ 调 料

盐2克，食用油适量

◎ 做 法

1.将洗净的芹菜切成粒，装入盘中。

2.锅中注入适量清水烧开，放入洗净的红枣、枸杞。

3.盖上盖子，煮沸后用小火煮约15分钟，至食材析出营养物质。

4.取下盖子，加入盐、适量食用油。

5.略微搅拌，再放入芹菜粒，搅拌匀。

6.用大火煮一会儿，至食材熟透、入味，盛出装碗即可。

◎ 制作指导: 将洗净的红枣、枸杞泡一会儿后再煮，可以缩短烹饪的时间。

生菜

营养成分：β胡萝卜素、抗氧化物、维生素B_1、维生素B_6、维生素E、维生素C、膳食纤维素、镁、磷、钙、铁等。

主要功效

生菜的含水量很高，营养丰富，可以促进胃肠道的血液循环，对于脂肪、蛋白质等大分子物质，还能够起到帮助消化的作用。生菜最突出的特点就是低脂、低热量，可以起到很好的利水消肿、减肥降脂的效果，可改善产妇食欲不振、身材臃肿的情况。

食用建议

每餐食用量以100克内为宜。产妇可以将生菜涮菜或炒着吃，但由于产后肠胃虚弱，尽量不要生吃。另外，不要食用过夜的熟生菜，以免亚硝酸盐中毒。

炝炒生菜

◎烹饪方法：炒　◎口味：清淡

原料

生菜200克

调料

盐2克，鸡粉2克，食用油适量

做法

1.将洗净的生菜切成瓣，装入盘中，待用。2.锅中注油烧热，放入生菜，快速翻炒至其熟软。3.加入盐、鸡粉，炒匀调味。4.将炒好的生菜盛出，装入盘中即可。

烹饪时间
Times
3分钟

白灼生菜

◎烹饪方法: 煮　　◎口味: 清淡

原 料

生菜350克，姜丝、红椒丝各少许

调 料

食用油30毫升，豉油20毫升，白糖、鸡粉各适量

做 法

1.将洗净的生菜切作四瓣。2.锅中注水烧开，加入食用油拌匀，倒入生菜煮沸，捞出沥干水，装入盘中摆好。3.锅置旺火上，注油烧热，注入少许清水，放入豉油、少许姜丝、红椒丝炒匀。4.加入适量白糖、鸡粉拌煮成豉油汁，浇在生菜上，装好盘即成。

生蚝生菜汤

◎烹饪方法: 煮　　◎口味: 鲜

原 料

生蚝肉100克，生菜100克，香菜20克，高汤150毫升，姜片少许

调 料

盐3克，鸡粉3克，胡椒粉、料酒各少许，食用油适量

做 法

1.洗净的生菜修齐整；洗好的香菜切成末；洗净的生蚝肉装碗，加入盐、鸡粉、少许料酒拌匀，腌渍10分钟。2.用油起锅，放入少许姜片爆香，倒入高汤、清水煮沸。3.倒入生蚝肉搅匀，盖上盖，用中火煮至其熟透。4.揭开盖，放入生菜，加入盐、鸡粉、少许胡椒粉，搅匀调味，盛汤装碗，撒上香菜末即可。

花菜

营养成分：蛋白质、脂肪、碳水化合物、食物纤维、多种维生素和钙、磷、铁等。

主要功效

花菜含有多种维生素，其所含的维生素C和维生素A是美白肌肤的圣品，能有效预防黑斑、雀斑的产生，而且它含有的胶原蛋白能使肌肤润泽光滑。此外，花菜容易被消化吸收，可增强人体免疫力，因此很适合产后身体偏弱但爱美的女性食用。

食用建议

每餐食用量不宜超过100克。清洗花菜时将花菜放在盐水中浸泡几分钟，可帮助去除残留农药。花菜焯水后放入凉开水中过凉，可使口感更佳。

烹饪时间
Times
14分钟

花菜炒鸡片

◎烹饪方法：炒　　◎口味：鲜

原料

花菜200克，鸡胸肉180克，彩椒40克，姜片、蒜末、葱段各少许

调料

盐4克，鸡粉3克，料酒、蚝油、水淀粉、食用油各适量

做法

1.原料洗净，花菜、彩椒切块；鸡胸肉切片。2.鸡胸肉用盐、鸡粉、水淀粉、食用油腌渍10分钟。3.花菜、红椒焯水后捞出；鸡胸肉滑油至变色后捞出。4.用油起锅，放入姜片、蒜末、葱段爆香，倒入花菜、红椒、鸡胸肉、料酒炒香，加入盐、鸡粉、蚝油炒匀，用水淀粉勾芡，装盘即可。

猪肝炒花菜

◎烹饪方法: 炒　　◎口味: 鲜

烹饪时间
Times
13分钟

原料

猪肝160克，花菜200克，胡萝卜片、姜片、蒜末、葱段各少许

调料

盐3克，鸡粉2克，生抽3毫升，料酒6毫升，水淀粉、食用油各适量

做法

1. 洗净的花菜切成小朵。
2. 洗好的猪肝切成片，装碗，加盐、鸡粉、料酒、食用油拌匀，腌渍约10分钟。
3. 锅中注水烧开，放入盐、食用油、花菜，煮至食材断生后捞出，沥干装盘。
4. 用油起锅，放入胡萝卜片、姜片、蒜末、葱段爆香，倒入猪肝，炒至其转色。
5. 倒入花菜、料酒炒香，转小火，加入盐、鸡粉，淋入生抽，炒匀调味。
6. 淋入适量水淀粉，翻炒均匀即可。

◎ **制作指导**: 在清洗猪肝时，加少许白醋，不仅能有效去除其表面黏液，还可防止滑刀。

黄花菜

营养成分：蛋白质、氨基酸、脂肪、碳水化合物、胡萝卜素、核黄素、硫胺素、尼克酸、卵磷脂、多种维生素、钙、磷、铁等。

主要功效

黄花菜富含卵磷脂、多种维生素和矿物质，有消肿利尿、止痛补血、宽胸、下乳、使乳汁营养恒定的功效，是孕产妇必吃的食品。另外，黄花菜还可以滋润皮肤、增强皮肤的弹性，使皮肤润滑柔软，产妇常吃可以美容。

食用建议

每餐食用量不宜超过150克。鲜黄花菜不能食用，因为它含有毒物质——秋水仙碱，食用后会引起中毒，如要吃鲜品，可先用沸水焯一下，再用清水浸泡2小时，捞出拧干再烹饪。

烹饪时间
Times
4分钟

炒黄花菜

◎烹饪方法：炒　◎口味：清淡

◎ **原料**

水发黄花菜200克，彩椒70克，蒜末、葱段各适量

◎ **调料**

盐3克，鸡粉2克，料酒8毫升，水淀粉4毫升，食用油适量

◎ **做法**

1.洗好的彩椒切条；洗净的黄花菜切去花蒂，焯水，煮至沸腾，捞出待用。2.用油起锅，放入适量蒜末，加入彩椒，略炒片刻。3.倒入黄花菜，淋入料酒，炒匀炒香。4.放入盐、鸡粉、适量葱段，炒匀。5.淋入水淀粉，快炒均匀，盛菜装盘即可。

 黄花菜枸杞猪腰汤

◎烹饪方法：炒　◎口味：鲜

烹饪时间 Times 5分钟

原料

水发黄花菜150克，猪腰200克，枸杞10克，姜片、葱花各少许

调料

料酒8毫升，生抽4毫升，盐、鸡粉各2克，水淀粉5毫升，食用油适量

做法

1.洗好的黄花菜切去花蒂；处理干净的猪腰对半切开，切麦穗花刀，再切成小块。2.黄花菜焯水，煮至断生，捞出待用；猪腰焯水，余至变色，捞出待用。3.用油起锅，放入少许姜片爆香，倒入猪腰、料酒炒香，加入生抽、黄花菜，翻炒片刻。4.注入适量清水，放入盐、鸡粉、水淀粉、洗净的枸杞，翻炒均匀，盛出装盘，最后撒上葱花即可。

黄花菜猪肚汤

◎烹饪方法：煮　◎口味：鲜

原料

熟猪肚140克，水发黄花菜200克，姜末、葱花各少许

调料

盐3克，鸡粉3克，料酒8毫升

做法

1.熟猪肚切成条；泡发好的黄花菜去蒂。2.砂锅中注入清水，放入猪肚、少许姜末、料酒，盖上锅盖，用小火煮20分钟。3.揭开锅盖，倒入黄花菜，搅匀，盖上盖，续煮15分钟，至全部食材熟透。4.揭开锅盖，加入盐、鸡粉，搅匀调味，盛汤装碗，撒上少许葱花即可。

烹饪时间 Times 38分钟

莴笋

营养成分：蛋白质、脂肪、膳食纤维、碳水化合物、胡萝卜素、硫胺素、核黄素、尼克酸、维生素C、维生素E、烟酸及锌、铁、钾等。

主要功效

莴笋含有较多的烟酸和微量元素锌、铁、钾离子，可调节体内酸碱平衡，有清热利尿、活血通乳的功效，适合产后少尿、少乳或无乳的女性食用。

食用建议

每餐食用以60克为宜。过量或经常食用莴笋，会导致夜盲症或诱发其他眼疾，不过停食莴苣，几天后就会好转。

松仁莴笋

◎烹饪方法: 炒　　◎口味: 清淡

原料

莴笋200克，彩椒80克，松仁30克，蒜末、葱段各少许

调料

盐3克，鸡粉2克，水淀粉5毫升，食用油适量

做法

1.洗净去皮的莴笋切丁；洗好的彩椒去蒂切丁。2.莴笋、彩椒焯水，加盐、食用油煮至断生后捞出。3.松仁放入油锅中，炸至呈微黄色后捞出。4.锅底留油，将蒜末、葱段爆香，放入莴笋、彩椒、盐、鸡粉、水淀粉，炒至食材熟透，装盘，撒上松仁。

烹饪时间
Times
6分钟

京酱莴笋丝

◎烹饪方法：炒　◎口味：鲜

🍲 原 料

莴笋200克，豆腐皮150克，瘦肉100克

🧂 调 料

甜面酱15克，盐、鸡粉各2克，料酒5毫升，水淀粉、芝麻油、食用油各适量

🍳 做 法

1. 洗净的豆腐皮切成细丝；洗好去皮的莴笋切成细丝。
2. 洗净的瘦肉切成丝，装碗，加盐、鸡粉、水淀粉、食用油拌匀，腌渍10分钟。
3. 沸水中加入食用油、盐，倒入莴笋丝、豆腐皮，煮至食材断生后捞出，待用。
4. 起油锅，倒入肉丝、料酒炒香，放入甜面酱、莴笋丝、豆腐皮，炒至食材熟软。
5. 加入盐、鸡粉调味，倒入水淀粉勾芡。
6. 淋入适量芝麻油，炒至食材熟透、入味，盛菜装盘即可。

◎ **制作指导**：切食材时要将其切得大小整齐、粗细均匀，这样炒出的菜肴外观更佳。

茭白

营养成分：蛋白质、脂肪、钙、磷、铁、糖类、维生素B$_1$、维生素B$_2$、维生素C、维生素E、胡萝卜素、核黄素、氨基酸等。

主要功效

茭白营养丰富，含有维生素B$_1$、维生素B$_2$、维生素C及多种矿物质，有解热毒、防烦渴、催乳的功效。产后乳汁缺乏者可适当食用茭白，促进乳汁分泌。此外，茭白所含的粗纤维能促进肠道蠕动，对预防产后便秘有一定的作用。

食用建议

每餐食用量以50克为宜。茭白在烹饪前要先用水焯一下，以除去其中含有的草酸，以免影响人体对钙质的吸收。

虾米炒茭白

◎烹饪方法：炒　　◎口味：鲜

原料

茭白100克，虾米60克，姜片、蒜末、葱段各少许

调料

盐2克，鸡粉2克，料酒4毫升，生抽、水淀粉、食用油各适量

做法

1.洗净的茭白切成片，装入盘中，待用。2.用油起锅，放入少许姜片、蒜末、葱段爆香，倒入虾米、料酒炒香。3.放入茭白、盐、鸡粉炒匀，倒入适量清水，翻炒片刻。4.加入适量生抽、水淀粉炒匀。5.将炒好的材料盛出，装入盘中即可。

烹饪时间
Times
5分钟

茭白鸡丁

◎烹饪方法: 炒　　◎口味: 鲜

烹饪时间
Times
14分钟

🍄 原 料

鸡胸肉250克，茭白、黄瓜各100克，胡萝卜90克，蒜末、姜片、葱段各少许

🧂 调 料

盐3克，鸡粉3克，水淀粉9毫升，料酒8毫升，食用油适量

🍳 做 法

1.洗净去皮的胡萝卜、茭白切成丁；洗好的黄瓜、鸡胸肉切成丁。

2.鸡丁装碗，放入盐、鸡粉、水淀粉、适量食用油拌匀，腌渍10分钟。

3.胡萝卜、茭白焯水，加盐、鸡粉，煮至断生后捞出；鸡丁焯水，余至变色后捞出。

4.用油起锅，放入少许姜片、蒜末、葱段爆香，倒入鸡丁炒匀，淋入料酒炒香。

5.倒入黄瓜、胡萝卜、茭白炒匀。

6.加入盐、鸡粉、水淀粉炒匀即可。

◎ 制作指导: 鸡丁不宜炒太久，否则容易炒老，影响口感。

荷兰豆

营养成分：碳水化合物、蛋白质、脂肪、胡萝卜素、氨基酸、钙、磷、铁、硫胺素、核黄素、尼克酸等。

主要功效

荷兰豆有抗菌消炎、增强免疫力的作用，产妇食之有利于增强体质，改善虚弱的状态。另外，荷兰豆还可以和脾益胃、补中下乳，对产妇乳汁不下有一定的食疗作用，产妇适当常吃有益于健康。

食用建议

每餐食用量不宜超过100克；荷兰豆在烹饪时一定要将其制熟透，以防止中毒。

荷兰豆炒豆芽

◎烹饪方法：炒　◎口味：清淡

原料

黄豆芽100克，荷兰豆100克，胡萝卜90克，蒜末、葱段各少许

调料

盐3克，鸡粉2克，料酒10毫升，食用油、水淀粉各适量

做法

1.洗净去皮的胡萝卜切成片。2.锅中注水烧开，加入盐、适量食用油，倒入胡萝卜，洗净的荷兰豆、黄豆芽，拌匀，煮半分钟，捞出食材。3.用油起锅，放入蒜末、葱段爆香，倒入焯过水的食材，放入料酒、鸡粉、盐炒匀。4.倒入水淀粉炒匀，盛菜装盘。

烹饪时间
Times
3分钟

荷兰豆炒猪肚

◎烹饪方法：炒　◎口味：鲜

烹饪时间 Times 5分钟

🥘 原料

熟猪肚150克，荷兰豆100克，洋葱40克，彩椒35克，姜片、蒜末、葱段各少许

🧂 调料

盐3克，鸡粉2克，料酒10毫升，水淀粉5毫升，生抽、食用油各适量

🍳 做法

1.洋葱洗净切条；彩椒洗净切块；熟猪肚切片。2.锅中注水烧开，加入适量食用油、盐，倒入洗净的荷兰豆、洋葱、彩椒拌匀，煮1分钟，捞出食材。3.用油起锅，放入少许姜片、蒜末、葱段爆香，倒入猪肚片炒匀，淋入料酒、生抽提味。4.放入荷兰豆、洋葱、彩椒炒匀，加入鸡粉、盐、水淀粉炒匀调味，即可。

荷兰豆炒鸭胗

◎烹饪方法：炒　◎口味：鲜

🥘 原料

荷兰豆170克，鸭胗120克，彩椒30克，姜片、葱段各少许

🧂 调料

盐3克，鸡粉2克，料酒4毫升，白糖4克，水淀粉、食用油各适量

🍳 做法

1.洗净的彩椒切丝；洗好的鸭胗去除油脂、筋膜，切上花刀，再切块。2.鸭胗装碗，加盐、料酒、适量水淀粉拌匀，腌渍10分钟。3.彩椒、荷兰豆焯水，捞出待用；鸭胗焯水，捞出待用。4.起油锅，下少许姜片、葱段爆香，放入鸭胗、料酒、荷兰豆、彩椒炒匀。5.放入盐、鸡粉、白糖、水淀粉炒匀调味。

烹饪时间 Times 15分钟

西红柿

营养成分：蛋白质、糖类、有机酸、纤维素、胡萝卜素、维生素C、维生素B$_1$、维生素B$_2$、钙、磷、钾、镁、铁、锌、铜、碘等。

主要功效

西红柿富含矿物质和维生素，有清热解毒、补血养血和增进食欲的功效，产妇适当食用一些西红柿，有利于排出有害物质，并补充身体损耗。另外，西红柿还有美容效果，常吃可使皮肤细腻白皙，可改善产妇的肤质。

食用建议

食用量以每天2个为宜，产妇最好熟食。西红柿烹调时不要久煮，烧煮时稍加些醋，可破坏其中的有害物质番茄碱。青色未熟的西红柿不宜食用。

烹饪时间
Times
14分钟

西红柿炖鲫鱼

◎烹饪方法：煮　◎口味：鲜

原料

鲫鱼250克，西红柿85克，葱花少许

调料

盐、鸡粉各2克，食用油适量

做法

1.洗净的西红柿切片。2.用油起锅，放入处理好的鲫鱼，用小火煎至断生。3.注入适量清水，用大火煮至沸腾，盖上盖，用中火煮约10分钟。4.揭开盖，倒入西红柿，拌匀，撇去浮沫，煮至食材熟透。5.加入盐、鸡粉，拌匀调味，盛菜装碗，点缀上少许葱花即可。

羊肉西红柿汤

◎烹饪方法：煮　◎口味：鲜

🐑 **原 料**

羊肉、西红柿各100克

🥣 **调 料**

盐2克，鸡粉3克，芝麻油适量，高汤400毫升

烹饪时间
Times
23分钟

✍ **做 法**

1. 砂锅中注入高汤煮沸，放入洗净切片的羊肉，倒入洗好切瓣的西红柿，拌匀。
2. 盖上锅盖，用小火煮约20分钟至熟。
3. 揭开锅盖，放入盐、鸡粉。
4. 淋入适量芝麻油，搅拌匀调味，盛汤装碗即可。

⚪ **制作指导**：西红柿不可煮太久，以免失去其口感。

南瓜

营养成分：蛋白质、糖类、维生素A、维生素C、可溶性纤维、叶黄素、磷、钾、钙、镁、锌、硅、钴等。

主要功效

南瓜的营养极为丰富，可以防治妊娠水肿、促进血凝及预防产后出血，而且，南瓜有一种"钴"的成分，食用后有补血作用。产妇适当常吃南瓜，可以减轻身体肿痛的症状，促进身体恢复健康。

食用建议

每餐食用量约为100克。吃南瓜前一定要仔细检查，如果发现表皮有溃烂之处，或切开后散发出酒精味等，则不可食用。

烹饪时间
Times
14分钟

南瓜炒牛肉

◎烹饪方法：炒　◎口味：鲜

○ 原料

牛肉175克，南瓜150克，青椒、红椒各少许

○ 调料

盐3克，鸡粉2克，料酒10毫升，生抽4毫升，水淀粉、食用油各适量

○ 做法

1.洗好原料，南瓜去皮切片；青椒切条；红椒切条；牛肉切片。2.牛肉装碗，加盐、料酒、生抽、水淀粉、食用油拌匀，腌渍10分钟。3.南瓜、青椒、红椒焯水后捞出装盘。4.起油锅，放入牛肉、料酒、焯过水的材料炒透。5.加盐、鸡粉、水淀粉炒匀。

南瓜浓汤

◎烹饪方法：煮　◎口味：甜

烹饪时间
Times
4分钟

🍄 **原 料**

南瓜200克，鸡汤
150毫升，配方奶
粉20克

🥄 **调 料**

白糖5克

✏️ **做 法**

1. 去皮洗净的南瓜切成小块，装入盘中。
2. 取榨汁机，倒入南瓜、鸡汤，盖上盖，榨取南瓜鸡汤汁，倒入碗中。
3. 汤锅中加入适量清水，倒入配方奶粉，搅拌一会儿至奶粉溶化。
4. 倒入南瓜鸡汤汁拌匀，加入白糖，拌煮至沸腾，制成浓汤，盛出装碗即可。

❶　　❷

⭕ **制作指导**: 在锅中加入少许鲜奶或鲜奶油一起拌煮，口感会更佳。

冬瓜

营养成分：蛋白质、糖类、胡萝卜素、多种维生素、抗坏血酸、硫胺素、核黄素、尼克酸、粗纤维、钙、磷、铁等。

主要功效

冬瓜利尿，是慢性肾炎水肿、营养不良性水肿、孕产妇水肿患者的消肿佳品，产妇适当喝些冬瓜汤，可减肥消肿，保持形体健美，并提高奶水的质量。此外，冬瓜还有抗衰老的作用，久食可保持皮肤洁白如玉、润泽光滑。

食用建议

每餐食用量约100克。冬瓜是一种解热利尿比较理想的日常食物，连皮一起煮汤，效果更明显；服滋补药品时忌食冬瓜。

芥蓝炒冬瓜

◎烹饪方法：炒　　◎口味：清淡

原料

芥蓝80克，冬瓜100克，胡萝卜40克，木耳35克，姜片、蒜末、葱段各少许

调料

盐4克，鸡粉2克，料酒4毫升，水淀粉、食用油各适量

做法

1.洗净原料，胡萝卜去皮切片；冬瓜、木耳切片；芥蓝切段。2.锅中注水烧开，加入食用油、盐，放入胡萝卜、木耳、芥蓝、冬瓜，煮1分钟，捞出食材。3.起油锅，下姜片、蒜末、葱段爆香，倒入焯好的食材炒匀。4.加盐、鸡粉、料酒、水淀粉炒匀。

烹饪时间
Times
3分钟

五彩冬瓜煲

◎烹饪方法：煮　◎口味：鲜

烹饪时间
Times
9分钟

原料

火腿50克，冬瓜85克，口蘑30克，竹笋70克，胡萝卜40克，姜末、蒜末、葱花各少许

调料

盐3克，鸡粉2克，料酒6毫升，水淀粉、食用油各适量

做法

1. 去皮洗净的胡萝卜、冬瓜均切丁；洗净的口蘑、火腿均切粒；洗净的竹笋切丁。
2. 锅中注水烧开，倒入竹笋、胡萝卜，放入盐、口蘑，煮3分钟，捞出食材装盘。
3. 用油起锅，下姜末、蒜末爆香，放入火腿炒香，倒入焯煮过的食材、冬瓜炒匀。
4. 淋入料酒炒香，注入清水，加盐、鸡粉炒匀调味，用中火煮至食材熟软，收汁。
5. 用适量水淀粉勾芡，将食材盛入砂煲。
6. 砂煲续煮片刻，取下，撒上少许葱花。

◎ **制作指导**：砂煲放在旺火上要立即转用中火，以免将食材煮煳了。

丝瓜

营养成分：蛋白质、脂肪、碳水化合物、钙、磷、铁、维生素B$_1$、维生素C、皂甙、植物粘液、木糖胶、丝瓜苦味质、瓜氨酸等。

主要功效

丝瓜营养丰富，有解毒通便、通经络、行血脉、行气化瘀、下乳汁等功效，对产妇水肿、便秘、乳汁不下等症状有一定的缓解作用，而且对女性月经不调也有不错的食疗效果。此外，丝瓜能减轻皮肤老化，美白祛斑，产妇常吃还可以美肤。

食用建议

每餐食用量不超过60克为宜。丝瓜汁水丰富，宜现切现做，以免营养成分随汁水流走。烹制丝瓜时应注意尽量保持清淡，油要少用，可勾稀芡，以保留香嫩爽口的特点。

烹饪时间
Times
4分钟

西红柿炒丝瓜

◎烹饪方法：炒　◎口味：清淡

原料

西红柿170克，丝瓜120克，姜片、蒜末、葱花各少许

调料

盐2克，鸡粉2克，水淀粉3毫升，食用油适量

做法

1.洗净去皮的丝瓜切成小块；洗好的西红柿去蒂，切成小块。2.用油起锅，放入少许姜片、蒜末、葱花爆香，倒入丝瓜炒匀。3.锅中倒入少许清水，放入西红柿炒匀。4.加入盐、鸡粉，炒匀调味。5.倒入水淀粉炒匀，盛菜装盘即可。

丝瓜焖黄豆

◎烹饪方法：焖　◎口味：清淡

原 料

丝瓜180克，水发黄豆100克，姜片、蒜末、葱段各少许

调 料

生抽4毫升，鸡粉2克，豆瓣酱7克，水淀粉2毫升，盐、食用油各适量

做 法

1.洗净去皮的丝瓜斜切成小块；泡好的黄豆焯水，捞出备用。

2.用油起锅，放入少许姜片、蒜末爆香，倒入黄豆炒匀。

3.注入适量清水，放入生抽、适量盐、鸡粉，盖上锅盖，待烧开后用小火焖至黄豆熟软。

4.揭盖，倒入丝瓜炒匀，再盖上盖，焖5分钟至全部食材熟透。

5.揭盖，放入少许葱段、豆瓣酱炒匀。

6.大火收汁，用水淀粉勾芡，盛出装盘。

① ② ③ ④ ⑤ ⑥

◎ **制作指导**：将黄豆放入炒锅中炒香，加适量清水浸泡3小时再烹饪，口感会更好。

莲藕

营养成分：蛋白质、脂肪、膳食纤维、糖类、胡萝卜素、视黄醇当量、硫胺素、核黄素、尼克酸、维生素C、维生素E、钾、钠、钙、镁等。

主要功效

生藕能消瘀清热、除烦解渴、止血健胃；熟藕性温，可补心生血、滋养强壮及健脾胃。产妇身体虚损较大，应多吃熟藕以补益气血，增强体质。另外也不必过于忌生藕，待身体恢复到感觉良好的程度，可少量食用。

食用建议

每餐食用量以200克左右为宜。产妇不宜过早食用莲藕，一般产后1~2周后再吃藕，可以逐淤，还可以强身。

莲藕炒秋葵

◎烹饪方法：炒　◎口味：清淡

原料

去皮莲藕250克，胡萝卜150克，秋葵50克，红彩椒10克

调料

盐2克，鸡粉1克，食用油5毫升

做法

1.洗净的胡萝卜、莲藕、红彩椒切片；洗好的秋葵斜刀切片。2.锅中注水烧开，加入油、盐，拌匀，倒入胡萝卜、莲藕、红彩椒、秋葵，拌匀，煮至食材断生，捞出装盘。3.用油起锅，倒入焯好的食材，翻炒均匀。4.加入盐、鸡粉，炒匀入味，盛菜装盘即可。

烹饪时间
Times
5分钟

莲藕炖鸡

◎烹饪方法:煮　◎口味:鲜

原 料

莲藕80克，鸡肉180克，姜末、蒜末、葱花
各少许

调 料

盐3克，鸡粉2克，生抽、料酒各6毫升，
白醋10毫升，水淀粉、食用油各适量

做 法

1.去皮洗净的莲藕切成丁；鸡肉切开，
斩成小块，放入碗中，加入盐、鸡粉、生
抽、料酒拌匀，腌渍15分钟。

2.莲藕焯水，加白醋煮片刻，捞出装碗。

3.用油起锅，倒入少许姜末、蒜末爆香，
放入鸡块，炒至其转色。

4.淋上生抽、料酒炒匀、炒香，倒入莲
藕、适量清水，加入盐、鸡粉炒匀。

5.煮沸后用小火焖煮至食材熟透。

6.用适量水淀粉勾芡，盛出，撒上少许葱
花即成。

◎ **制作指导**: 炖制此菜时，水量以没
过食材为佳，中途不宜再加水，否则菜
肴的口感不佳。

胡萝卜

营养成分：蛋白质、脂肪、碳水化合物、胡萝卜素、维生素A、维生素B_2、维生素B_6、烟酸、叶酸、维生素C、钙、磷、钾、钠等。

主要功效

胡萝卜营养丰富，对人体有多方面的保健功能，能健脾、化滞，治消化不良，对产妇食欲不振有一定的作用。另外，胡萝卜富含维生素，可以增强人体免疫力，预防癌症，对改善产妇体质、促进身体康复有积极的意义。

食用建议

每餐食用量以不超过100克为宜。胡萝卜应用油炒热或和肉类一起炖煮后食用，以利吸收。

烹饪时间
Times
3分钟

香油胡萝卜

◎烹饪方法：炒　　◎口味：清淡

原料

胡萝卜200克，鸡汤50毫升，姜片、葱段各少许

调料

盐3克，鸡粉2克，芝麻油适量

做法

1.洗净去皮的胡萝卜切片，再切成丝，备用。2.锅置火上，倒入适量芝麻油，放入少许姜片、葱段，爆香。3.倒入胡萝卜拌匀，加入鸡汤、盐、鸡粉，炒匀。4.盛出炒好的菜肴，装入盘中即可。

胡萝卜片小炒肉

◎烹饪方法：炒　　◎口味：咸

◇ 原料

五花肉300克，胡萝卜190克，蒜苗40克，香菜少许

◇ 调料

生抽、料酒各5毫升，白糖、鸡粉各2克，豆瓣酱30克，食用油适量

◇ 做法

1.洗净的五花肉去皮，切薄片；洗好的胡萝卜去皮，切片；洗净的蒜苗切段。2.热锅注油，倒入五花肉，煎炒至其边缘微微焦黄。3.放入豆瓣酱、胡萝卜，炒至食材断生。4.加入料酒、生抽、鸡粉、白糖炒匀，倒入蒜苗，炒至食材入味，盛菜装盘，放上少许香菜点缀即可。

胡萝卜炖羊排

◎烹饪方法：焖　　◎口味：鲜

◇ 原料

羊排段300克，胡萝卜160克，姜片、葱段、蒜片、香菜、桂皮、八角各适量

◇ 调料

盐3克，鸡粉少许，料酒6毫升，豆瓣酱25克，食用油、胡椒粉各适量

◇ 做法

1.洗净去皮的胡萝卜切滚刀块；羊排段焯水，捞出待用。2.用油起锅，倒入适量八角、桂皮爆香，加入适量姜片、葱段、蒜片炒香，倒入豆瓣酱、羊排段炒匀。3.淋入料酒炒透，注入清水搅匀，煮至食材变软。4.倒入胡萝卜搅匀，加入盐，用小火续煮至食材熟透。5.加少许鸡粉、适量胡椒粉搅匀，装碗，撒上适量香菜。

白萝卜

营养成分：蛋白质、碳水化合物、膳食纤维、维生素A、胡萝卜素、B族维生素、维生素C、维生素E、烟酸、叶酸等。

主要功效

白萝卜可以促进肠胃的蠕动，消除便秘，防治脂肪沉积，从而起到排毒瘦身的作用，还能洁净血液和皮肤，改善皮肤粗糙、粉刺等情况，产妇可适当常吃，有利于改善食欲不振、身体臃肿、虚弱无力等状况。

食用建议

每餐食用量不要超过100克；若要和胡萝卜一起食用应加醋调和。另外，生萝卜与人参、西洋参药性相克，不可同食，以免药效相反，起不到补益作用。

蜜蒸白萝卜

◎烹饪方法: 蒸　◎口味: 甜

原料

白萝卜350克，枸杞8克

调料

蜂蜜50克

做法

1.洗净去皮的白萝卜切成片。2.取一个干净的蒸盘，放上白萝卜，摆好，再撒上洗净的枸杞。3.蒸锅上火烧开，放入装有白萝卜的蒸盘。4.盖上盖，用大火蒸约5分钟，至白萝卜熟透。5.揭开盖，取出蒸好的萝卜片，趁热浇上蜂蜜即成。

烹饪时间
Times
77分钟

牛腩炖白萝卜

◎烹饪方法：煮　◎口味：鲜

🐾 原 料

熟牛腩350克，白萝卜200克，姜片、枸杞各少许

🍥 调 料

盐、鸡粉各2克，胡椒粉少许

🍴 做 法

1.去皮洗净的白萝卜切成大块；熟牛腩切成小块。2.砂煲中倒入适量清水，放入少许姜片、熟牛腩，盖上盖，煮沸后用小火煮至食材熟软。3.揭盖，倒入白萝卜块、少许枸杞，盖上盖，煮沸后用中火煮至白萝卜块熟透。4.揭开盖，加入盐、鸡粉、少许胡椒粉，拌匀调味，盛汤装碗即成。

白萝卜鸡爪汤

◎烹饪方法：煮　◎口味：鲜

🐾 原 料

鸡爪120克，白萝卜200克

🍥 调 料

盐、鸡粉各3克

🍴 做 法

1.洗净的白萝卜切小块；洗好的鸡爪切去趾甲。2.取出电饭锅，打开盖子，通电后倒入切好的白萝卜。3.放入处理干净的鸡爪，倒入清水至水位线"1"的位置。4.盖上盖子，按下"功能"键，调至"靓汤"状态，煮2小时至食材熟软。5.按下"取消"键，打开盖子，加入盐、鸡粉，搅匀调味，盛汤装碗。

烹饪时间
Times
122分钟

山药

营养成分：碳水化合物、蛋白质、淀粉酶、氨基酸、薯蓣皂苷、B族维生素、维生素C、维生素E等。

主要功效

山药是虚弱、疲劳或病愈者恢复体力的最佳食品，产妇食用山药可以缓解身体虚劳情况，并恢复体力，改善血液成分，让身体更加健康。另外，山药内含淀粉酶消化素，能分解蛋白质和糖，有减肥轻身的作用，可以帮助产妇恢复苗条的身材。

食用建议

每餐食用量以100克左右为宜。山药宜去皮食用，以免产生麻、刺等异常口感。山药有收涩作用，产妇如果便秘则不宜食用。

烹饪时间 Times 30分钟

玫瑰山药

◎烹饪方法：蒸　　◎口味：淡

原料

去皮山药150克，奶粉20克，玫瑰花5克；工具：保鲜袋1个，模具数个，勺子1把

调料

白糖20克

做法

1.取出已烧开上气的电蒸锅，放入去皮洗净的山药，加盖，蒸20分钟至山药熟软。2.揭盖，取出蒸好的山药，装进保鲜袋中，倒入白糖、奶粉。3.将山药压成泥状，装盘。4.取出模具，逐一填满山药泥，用勺子稍稍按压紧实。5.待山药泥定型后取出，反扣放入盘中，撒上掰碎的玫瑰花瓣。

西红柿炒山药

◎烹饪方法：炒　◎口味：清淡

原料

去皮山药200克，西红柿150克，大葱10克，大蒜、葱段各5克

调料

盐、白糖各2克，鸡粉3克，水淀粉、食用油各适量

做法

1.洗净的山药切成块状；洗好的西红柿切成小瓣；处理好的大蒜切片；洗净的大葱切段。2.锅中注水烧开，加入盐、适量食用油、山药，焯煮片刻至断生，捞出装盘。3.用油起锅，倒入大蒜、大葱、西红柿、山药炒匀。4.加入盐、白糖、鸡粉、适量水淀粉炒匀，加入葱段，翻炒至其熟，盛菜装盘即可。

山药焖排骨

◎烹饪方法：焖　◎口味：辣

原料

山药200克，排骨400克，姜片、蒜末、葱段各少许

调料

盐3克，鸡粉2克，生抽4毫升，豆瓣酱10克，老抽、料酒、水淀粉、食用油各适量

做法

1.去皮洗净的山药切成丁；洗好的排骨斩成块，焯水，去除血水后捞出备用。2.炒锅烧热，倒入适量食用油，倒入少许蒜末、姜片、葱段爆香，倒入排骨略炒，淋入适量料酒炒香。3.加入生抽、豆瓣酱、盐、鸡粉、清水、适量老抽，炒匀。4.放入山药块炒匀，用小火焖煮至食材熟透入味。5.倒入适量水淀粉勾芡，盛菜装碗即可。

洋葱

营养成分：蛋白质、碳水化合物、膳食纤维、维生素A、胡萝卜素、维生素B$_1$、维生素B$_2$、烟酸、维生素C、硒、钾等。

主要功效

洋葱含有被称为蒜氨酸的硫磺化合物，可以促进体内的水分循环，利汗利尿，并有效消除身体浮肿，所以洋葱是产后女性恢复健美的极佳选择。另外，洋葱还有杀菌的作用，可帮助产妇减少炎症发生的几率。

食用建议

每餐食用量约50克。切洋葱前把刀放在冷水中浸泡一会儿，切洋葱时就不会刺眼。洋葱不宜烧得过老，以免破坏其营养物质。

烹饪时间
Times
4分钟

洋葱爆炒虾仁

◎烹饪方法：炒　◎口味：鲜

原料

洋葱90克，基围虾60克，姜片、蒜末各少许

调料

盐、鸡粉各2克，生抽、料酒、水淀粉、食用油各适量

做法

1.去皮洗净的洋葱切成小块；洗好的基围虾去除头须、虾脚，将其背部切开。2.用油起锅，下入少许姜片、蒜末爆香，倒入基围虾，翻炒至转色。3.放入洋葱炒匀，淋入适量生抽，再加盐、鸡粉、适量料酒调味。4.倒入适量水淀粉，快速拌炒均匀，盛菜装盘即可。

洋葱炒鸭胗

◎烹饪方法: 炒　　◎口味: 鲜

烹饪时间
Times
14分钟

🍳 **原 料**

　　鸭胗170克，洋葱80克，彩椒60克，姜片、
蒜末、葱段各少许

🥄 **调 料**

　　盐3克，鸡粉3克，料酒5毫升，蚝油5克，
生粉、水淀粉、食用油各适量

🔪 **做 法**

　　1.洗净的彩椒、洋葱切成小块；洗净的鸭
胗切上花刀，再切成小块.

　　2.鸭胗装碗，加入料酒、盐、鸡粉、适量
生粉拌匀，腌渍约10分钟。

　　3.鸭胗焯水，汆去血水后捞出待用。

　　4.用油起锅，倒入少许姜片、蒜末、葱段
爆香，放入鸭胗炒匀，淋入料酒炒香。

　　5.倒入洋葱、彩椒，炒至熟软，加入盐、
鸡粉、蚝油调味。

　　6.加入清水、适量水淀粉，炒至入味。

① ② ③ ④ ⑤ ⑥

◎ **制作指导**: 这道菜宜用旺火快炒，
这样炒出的菜肴口感更佳。

菌菇类

银耳

营养成分：蛋白质、氨基酸、脂肪、海藻糖、多缩戊糖、甘露糖醇、硫、铁、镁、钙、钾等。

主要功效

银耳滋润而不腻滞，具有补脾开胃、益气清肠、安眠健胃、补脑、养阴清热、润燥的功效，对身体虚弱的产妇有很好的补益效果，可增强体质、预防便秘、滋润皮肤，还有较好的抗抑郁作用。

食用建议

每餐食用量不要超过30克（干）。银耳宜用开水泡发，泡发后应去掉未发开的部分，特别是那些呈淡黄色的部分。

烹饪时间
Times
13分钟

银耳炒肉丝

◎烹饪方法：炒　◎口味：鲜

原料

水发银耳、瘦肉各200克，红椒30克，姜片、蒜末、葱段各少许

调料

料酒4毫升，生抽3毫升，盐、鸡粉、水淀粉、食用油各适量

做法

1.银耳切去根部，再切小块；洗净的瘦肉、红椒均切丝。2.瘦肉丝装碗，加适量盐、鸡粉、水淀粉、食用油抓匀，腌渍10分钟。3.银耳焯水后捞出。4.起油锅，下少许姜片、蒜末爆香，倒入瘦肉丝、料酒、银耳、红椒炒匀，加适量盐、鸡粉、生抽、水淀粉，少许葱段炒匀。

红枣银耳炖鸡蛋

◎烹饪方法: 炖　◎口味: 清淡

烹饪时间
Times
42分钟

原料
去壳熟鸡蛋2个，红枣25克，水发银耳90
克，桂圆肉30克

调料
冰糖30克

做法
1.砂锅中注入清水，倒入熟鸡蛋、银耳、红
枣、桂圆肉，拌匀。2.加盖，大火炖开转小
火炖30分钟至食材熟软。3.揭盖，加入冰
糖，拌匀，加盖，续炖10分钟至冰糖溶化。
4.揭盖，拌至食材入味，盛出装碗即可。

银耳木瓜汤

◎烹饪方法: 煮　◎口味: 甜

原料
木瓜70克，水发银耳40克，水发红豆适量

调料
白糖适量

做法
1.洗净去皮的木瓜切成小块；洗好的银
耳切去黄色的根部，再切成小块。2.锅
中注水烧热，放入红豆、木瓜，搅匀，
盖上盖，烧开后转小火煮10分钟至熟
软。3.揭盖，倒入银耳，搅拌片刻，
盖上盖子，煮5分钟至银耳熟透。4.揭
盖，加入适量白糖，拌匀，盛汤装碗，
放凉即可。

烹饪时间
Times
20分钟

黑木耳

营养成分：蛋白质、脂肪、碳水化合物、B族维生素、维生素C、胡萝卜素、粗纤维、钙、磷、铁等。

主要功效

黑木耳营养丰富，可益气强身、活血养血，产后新妈妈适当多吃黑木耳，可恢复身体元气，改善头发脱落情况，提升发质。此外，黑木耳中的胶质，还可将残留在人体消化系统内的灰尘杂质吸附聚集，排出体外，清涤肠胃，可改善产妇便秘。

食用建议

每餐食用15克（干）左右为宜。鲜木耳含有毒素，不可食用，当鲜木耳加工干制后，所含毒素便会被破坏消失。

烹饪时间
Times
7分钟

木耳炒百叶

◎烹饪方法：炒　　◎口味：清淡

原料

牛百叶150克，水发木耳80克，红椒、青椒各25克，姜片少许

调料

盐3克，鸡粉少许，料酒4毫升，水淀粉、芝麻油、食用油各适量

做法

1.洗净原料，牛百叶切块；木耳切除根部，再切块；青椒、红椒去籽切片。2.木耳、牛百叶焯水，去除杂质后捞出。3.起油锅，撒上少许姜片爆香，倒入青椒、红椒片、木耳、牛百叶、料酒炒匀。4.注入清水煮沸，加入盐、少许鸡粉，适量水淀粉、芝麻油炒透即可。

回锅肉炒黑木耳

◎烹饪方法：咸　◎口味：炒

🔘 原 料

五花肉350克，水发黑木耳200克，红彩椒40克，香芹55克，蒜块、葱段各少许

🔘 调 料

盐、鸡粉各1克，生抽、水淀粉各5毫升，豆瓣酱35克，食用油适量

🔘 做 法

1.洗净的香芹切小段；洗好的红彩椒切滚刀块；洗净的五花肉切薄片。

2.热锅注油，倒入五花肉，煎至油脂析出，倒入少许蒜块、葱段炒匀。

3.放入豆瓣酱、泡好的黑木耳炒匀。

4.加入生抽、红彩椒、香芹，翻炒1分钟至食材熟软。

5.加入盐、鸡粉，炒匀至入味。

6.用水淀粉勾芡，炒至收汁，盛出菜肴，装盘即可。

🔘 制作指导：口味偏辣的话，可放入适量干辣椒爆香。

香菇

营养成分：粗蛋白、脂肪、碳水化合物、粗纤维、灰分、B族维生素、维生素D、钙、铁、钾、尼克酸等。

主要功效

香菇可治少气乏力，有补肝肾、健脾胃、益智安神、美容养颜之功效，所以香菇是产妇补益虚损的理想食物。香菇含有丰富的维生素D，能促进钙、磷的消化吸收，有助于保护产妇的骨骼和牙齿正常。

食用建议

每餐食用量以5朵为宜。不要吃长得特别大的香菇，因为它们多是用激素催肥，大量食用会对身体造成不良影响。

烹饪时间 Times 21分钟

板栗焖香菇

◎烹饪方法：焖　　◎口味：咸

原料

去皮板栗200克，香菇40克，去皮胡萝卜50克

调料

盐、鸡粉、白糖各1克，生抽、料酒、水淀粉各5毫升，食用油适量

做法

1. 洗净原料，板栗对半切开；香菇切十字刀，成小块状；胡萝卜切滚刀块。2. 起油锅，倒入板栗、香菇、胡萝卜炒匀。3. 淋入生抽、料酒炒匀，注入清水，加盐、鸡粉、白糖拌匀。4. 用大火煮开后转小火焖15分钟。5. 用水淀粉勾芡，盛菜装盘即可。

枸杞芹菜炒香菇

◎烹饪方法：炒　◎口味：鲜

原料

芹菜120克，鲜香菇100克，枸杞20克

调料

盐2克，鸡粉2克，水淀粉、食用油各适量

做法

1.洗净的鲜香菇切成片；洗好的芹菜切成段。2.用油起锅，倒入鲜香菇炒香，放入芹菜炒匀，注入少许清水，炒至食材变软。3.撒上枸杞，翻炒片刻。4.加入盐、鸡粉、适量水淀粉，炒匀调味，盛菜装盘即可。

香菇丝瓜汤

◎烹饪方法：煮　◎口味：清淡

原料

香菇30克，丝瓜120克，高汤200毫升，姜末、葱花各少许

调料

盐2克，食用油少许

做法

1.洗好的香菇切粗丝；去皮洗净的丝瓜切成小块。2.用油起锅，下入少许姜末爆香，放入香菇丝，翻炒几下至其变软。3.放入丝瓜，炒至丝瓜析出汁水后注入高汤，拌匀，盖上锅盖，用大火煮至汤汁沸腾。4.取下盖子，加入盐，续煮至食材入味，盛汤装碗，撒上少许葱花即成。

金针菇

营养成分： 蛋白质、脂肪、碳水化合物、膳食纤维、维生素A、胡萝卜素、硫胺素、核黄素、尼克酸、维生素C、维生素E、磷、钠、镁、铁等。

主要功效

金针菇能有效地增强机体的生物活性，促进体内新陈代谢，有利于食物中各种营养素的吸收和利用，对产后补充身体损耗大有益处。金针菇中还含有一种叫朴菇素的物质，能增强机体正气，防病健身，促进产妇的身体健康。

食用建议

每餐食用量以30克左右为宜。金针菇宜熟食不宜生吃，而且变质的或者有异味的金针菇不要吃。

烹饪时间
Times
3分钟

丝瓜炒金针菇

◎烹饪方法：炒　　◎口味：微辣

原料

丝瓜120克，金针菇100克，红椒20克，姜片、蒜末、葱白各少许

调料

盐、鸡粉各2克，生抽、水淀粉各3毫升，料酒、食用油各适量

做法

1.去皮洗净的丝瓜切成小块；洗净的红椒切成小块；洗净的金针菇切去老茎。2.起油锅，下入少许姜片、蒜末、葱白爆香，倒入丝瓜、红椒炒匀，放入金针菇，淋入适量料酒，炒至食材熟软。3.加入盐、鸡粉、生抽，炒匀调味。4.倒入水淀粉炒匀，盛菜装盘即可。

烹饪时间
Times
4分钟

金针菇炒肚丝

◎烹饪方法: 炒　◎口味: 鲜

🍄 原 料

猪肚150克，金针菇100克，红椒20克，香叶、八角、姜片、蒜末、葱段各少许

🔖 调 料

盐4克，鸡粉2克，料酒6毫升，生抽10毫升，水淀粉、食用油各适量

🥢 做 法

1.锅中注水烧开，倒入少许香叶、八角，洗好的猪肚，加入盐、料酒、生抽拌匀，煮至食材熟透，捞出猪肚，放凉。2.洗净的金针菇切去根部；洗好的红椒去籽，切成细丝；猪肚切粗丝。3.用油起锅，放入少许姜片、蒜末、葱段爆香，放入金针菇、猪肚、红椒丝，炒至食材熟软。4.转小火，加入盐、鸡粉、生抽调味，倒入适量水淀粉勾芡，盛菜装盘即成。

金针菇瘦肉汤

◎烹饪方法: 煮　◎口味: 鲜

🍄 原 料

金针菇200克，猪瘦肉120克，姜片、葱花各少许

🔖 调 料

盐2克、鸡粉2克，料酒4毫升，胡椒粉适量

🥢 做 法

1.洗净的猪瘦肉切成片。2.锅中注水烧开，放入瘦肉、料酒，氽去血水，捞出肉片，沥干待用。3.锅中注水烧开，放入瘦肉、少许姜片，用大火略煮一会儿。4.倒入洗净的金针菇搅匀，煮至沸腾，加入盐、鸡粉、适量胡椒粉调味。5.撇去浮沫，拌至食材入味，盛汤装碗，最后撒上葱花即可。

烹饪时间
Times
8分钟

畜肉类

猪肉

营养成分：蛋白质、脂肪、碳水化合物、膳食纤维、硫胺素、核黄素、烟酸、维生素E、B族维生素、锌、镁、钙、铁、锰等。

主要功效

猪肉可提供血红素和促进铁吸收的半胱氨酸，可有效改善缺铁性贫血，产妇食用，可获得丰富的营养，促进造血功能，改善贫血症状。猪肉富含蛋白质及维生素，可滋补强壮，改善产妇虚弱无力的状况。

食用建议

每天100克左右为宜。食用猪肉后不宜大量饮茶，茶叶中的鞣酸会与蛋白质合成鞣酸蛋白质，使肠蠕动减慢。

烹饪时间 Times 32分钟

猪肉苹果卷

◎烹饪方法：烤　　◎口味：鲜

原料

瘦肉片110克，苹果125克

调料

盐1克，黑胡椒粉2克，料酒5毫升

做法

1.瘦肉片装碗，加入盐、料酒、黑胡椒粉拌匀，腌渍10分钟；洗净的苹果去核切丁。2.将瘦肉摊平，放上苹果丁，卷起，制成猪肉苹果卷。3.备好烤箱，取出烤盘，铺上锡纸，放上猪肉苹果卷，再将烤盘放入烤箱中。4.关好箱门，将上、下火温度均调至200℃，选择"双管发热"功能，烤20分钟至熟透。5.取出，装盘即可。

烹饪时间
Times
33分钟

益母草红枣瘦肉汤

◎烹饪方法: 煮　◎口味: 鲜

原料

益母草、红枣各20克，枸杞10克，猪瘦肉180克

调料

料酒8毫升，盐、鸡粉各2克

做法

1.洗好的红枣去核；洗净的猪瘦肉切成小块。2.砂锅中注水烧开，放入洗净的益母草、枸杞、红枣、瘦肉块、料酒，拌匀。3.盖上盖，烧开后用小火煮30分钟，至食材熟透。4.揭开盖子，放入盐、鸡粉调味，盛汤装碗即可。

陈皮瘦肉粥

◎烹饪方法: 煮　◎口味: 鲜

原料

水发大米200克，水发陈皮5克，瘦肉20克，姜丝、葱花各少许

调料

盐2克，鸡粉3克

做法

1.洗净的瘦肉切成碎末。2.砂锅中注水烧开，倒入洗净的大米，盖上盖，用大火煮开后转小火煮10分钟。3.揭盖，放入陈皮，拌匀，盖上盖，续煮30分钟至食材熟软。4.揭盖，加入瘦肉末、少许姜丝拌匀，盖上盖，续煮15分钟至食材熟透。5.揭盖，撒入少许葱花，加入盐、鸡粉拌匀，盛粥装碗即可。

烹饪时间
Times
57分钟

牛肉

营养成分：蛋白质、脂肪、胆固醇、B族维生素、维生素E、视黄醇、硫胺素、胆甾醇、烟酸、钙、磷、铁、锌等。

主要功效

牛肉富含氨基酸，可以增强人的耐力，益气养颜。牛肉因为富含维生素B和对乳房发育非常有益的高蛋白质，可以为女性补充维生素，促进蛋白质的合成和人体新陈代谢，从而促进乳汁的形成，因此十分适合产妇食用。

食用建议

每餐食用量以80克为宜。炒牛肉忌加碱，当加入碱时，氨基酸就会与碱发生反应，使蛋白质因沉淀变性而失去营养价值。牛肉不易熟烂，烹饪时放少许山楂、橘皮或茶叶有利于熟烂。

烹饪时间
Times
12分钟

子姜牛肉

◎烹饪方法：炒　　◎口味：辣

◎ 原 料

牛肉300克，子姜300克，红椒20克，蒜末、葱白各少许

◎ 调 料

豆瓣酱15克，盐3克，鸡粉、味精各2克，生抽、食粉、料酒、水淀粉、食用油各适量

◎ 做 法

1.洗净的红椒去籽切块；去皮洗净的子姜切片；洗净的牛肉切片，装碗，加食粉、生抽、盐、味精、水淀粉、食用油拌匀，腌渍10分钟。2.子姜、红椒焯水，捞出。3.起油锅，倒入蒜末、葱白爆香，放入牛肉、子姜、红椒、料酒、豆瓣酱、盐、鸡粉炒匀。

菠萝牛肉片

◎烹饪方法：炒　◎口味：酸

🥗 原　料

菠萝肉200克，牛肉220克，姜片、蒜末、葱段各少许

🧂 调　料

盐3克，鸡粉少许，白糖2克，生抽2毫升，料酒4毫升，水淀粉7毫升，食用油适量

烹饪时间
Times
2分钟

🍳 做　法

1. 菠萝肉切成片；洗好的牛肉切成片，装碗，加盐、少许鸡粉、生抽、水淀粉拌匀，倒入适量食用油，腌渍10分钟。
2. 锅中加油烧热，下入少许姜片、蒜末、葱段炒香，倒入牛肉片，炒至转色。
3. 下入菠萝片炒匀，淋入料酒炒香，放入盐、白糖，炒至食材入味。
4. 倒入水淀粉，炒一会儿，盛入盘中即可。

 ❶  ❷  ❸  ❹

◎ **制作指导：** 菠萝入锅后炒制的时间不宜太久，否则牛肉肉质变老，菠萝又会太酸。

羊肉

营养成分： 蛋白质、脂肪、烟酸、胆甾醇、维生素B₁、维生素B₂、钙、磷、铁、钾、碘等。

主要功效

羊肉为益气补虚、温中暖下之品，对虚劳羸瘦、腰膝酸软、产后虚寒腹痛、寒疝等，皆有较显著的温中补虚之功效。羊肉含有丰富的铁元素，能有效预防和治疗贫血，产妇容易贫血、虚弱，可以通过食用羊肉，有效地补益气血，恢复健康。

食用建议

每餐食用以50克为宜。羊肉甘温大热，过多食用容易引发隐疾，加重病情。吃羊肉时搭配凉性和甘平性的蔬菜，能起到清凉、解毒、去火的作用。

烹饪时间
Times
36分钟

丝瓜蒸羊肉

◎烹饪方法：蒸　　◎口味：鲜

原料

丝瓜200克，羊肉400克，咸蛋黄1个，姜片、蒜末、葱段各少许

调料

盐、胡椒粉各2克，料酒、生抽各5毫升，芝麻油4毫升，生粉25克，食用油适量

做法

1.洗净的丝瓜切段；咸蛋黄搅碎；处理好的羊肉切片，装碗，加盐、料酒、胡椒粉、生粉、适量食用油拌匀，腌渍10分钟。2.在盘底铺上丝瓜，放上羊肉，少许蒜末、葱段、姜片、咸蛋黄碎。3.蒸锅注水烧开，放入丝瓜羊肉，蒸至熟，取出，摆上少许葱段，淋上生抽、芝麻油即可。

烹饪时间
Times
70分钟

枸杞黑豆炖羊肉

◎烹饪方法：炖　　◎口味：鲜

原料

羊肉400克，水发黑豆100克，枸杞10克，姜片15克

调料

料酒18毫升，盐、鸡粉各2克

做法

1.锅中注水烧开，倒入羊肉，淋入料酒，煮沸，氽去血水，捞出羊肉，沥干待用。2.砂锅中注水烧开，放入洗净的黑豆、羊肉、姜片、枸杞、料酒拌匀。3.盖上盖，烧开后用小火炖1小时，至食材熟透。4.揭开盖子，放入盐、鸡粉，拌匀调味，盛汤装碗即可。

清炖羊肉汤

◎烹饪方法：炖　　◎口味：鲜

原料

羊肉块350克，甘蔗段120克，白萝卜150克，姜片20克

调料

料酒20毫升，盐3克，鸡粉、胡椒粉各2克，食用油适量

做法

1.洗净去皮的白萝卜切段；洗净的羊肉块焯水，加料酒煮1分钟，捞出羊肉块备用。2.砂锅中注水烧开，加适量食用油，放入羊肉块、甘蔗段、姜片、料酒，烧开后用小火炖至食材熟软。3.倒入白萝卜拌匀，用小火续煮20分钟，至白萝卜软烂。4.加入盐、鸡粉、胡椒粉拌匀，用中火续煮至食材入味即可。

烹饪时间
Times
85分钟

禽蛋类

鸡肉

营养成分：蛋白质、脂肪、糖、胡萝卜素、硫胺素、核黄素、尼克酸、维生素C、维生素A、粗纤维、灰分、钙、磷、铁等。

主要功效

鸡肉是高蛋白、低脂肪的健康食品，有温中益气、补精填髓、益五脏、补虚损的功效，可用于缓解气虚、阳虚引起的乏力、浮肿、产后乳少之症。产妇身体虚弱，需要多补充蛋白质，但经常吃肉又容易引起脂肪堆积，所以鸡肉十分适合爱美的产妇。

食用建议

每餐食用量以100克为宜。鸡屁股是淋巴腺体集中的地方，含有多种病毒、致癌物质，所以不可食用。

西兰花炒鸡片

◎烹饪方法：炒　◎口味：清淡

原料

西兰花200克，鸡胸肉100克，胡萝卜50克，姜片、蒜末、葱白各少许

调料

盐8克，鸡粉4克，料酒5毫升，水淀粉、食用油各适量

做法

1.洗净原料，西兰花切朵；胡萝卜切片；鸡胸肉切片，装碗，加盐、鸡粉、适量水淀粉、食用油腌渍5分钟。2.胡萝卜焯水后捞出；西兰花焯水后捞出装盘。3.起油锅，放入胡萝卜、鸡肉片，少许姜片、蒜末、葱白炒匀，加料酒、清水、盐、鸡粉、适量水淀粉炒透，盛出装盘即可。

烹饪时间
Times
10分钟

千层鸡肉

◎烹饪方法：烤　　◎口味：咸

🍗 原 料

> 去皮土豆185克，鸡胸肉220克，洋葱95克，奶酪碎65克

🧂 调 料

> 盐、鸡粉各1克，胡椒粉4克，生抽、料酒、水淀粉各5毫升，食用油适量

🍳 做 法

1.洗好原料，洋葱切丝；土豆切丝；鸡胸肉切片。

2.鸡肉片加盐、鸡粉、料酒、胡椒粉、生抽、水淀粉、适量食用油腌渍10分钟。

3.备好烤箱，取出烤盘，刷上适量食用油，倒入洋葱和土豆，铺匀。

4.放上一部分鸡肉片、奶酪碎，剩余的土豆，再铺上剩余的鸡肉片、奶酪碎。

5.将烤盘放入烤箱中，关好箱门，以上、下火均为200℃，烤30分钟至鸡肉熟透。

6.取出，将千层鸡肉切块，装盘即可。

◎ 制作指导：奶酪碎可根据自身喜好决定其用量。

乌鸡

营养成分：蛋白质、脂肪、B族维生素、氨基酸、烟酸、维生素E、磷、铁、钾、钠等。

主要功效

乌鸡有补中止痛、益气补血、调经活血、止崩治带等功效，特别是对妇女的气虚、血虚、脾虚、肾虚等尤为有效。产后女性的身体较虚弱，气血大损，需要尽快进补，乌鸡不仅可以益气补血、增强体能，还可以缓解疼痛不适，对产妇十分有益。

食用建议

每餐食用量以150克为宜。乌鸡连骨（砸碎）熬汤，滋补的效果最佳，炖煮时最好不用高压锅，使用砂锅文火慢炖最好。

烹饪时间
Times
65分钟

益母草乌鸡汤

◎烹饪方法：煮　◎口味：鲜

原料

乌鸡块300克，猪骨段150克，姜片、葱段、益母草各少许

调料

盐、鸡粉各2克，料酒8毫升，胡椒粉适量

做法

1.取一个纱袋，放入少许益母草，系紧袋口，制成药袋。2.猪骨段、乌鸡块焯水，捞出待用。3.砂锅中注水烧开，放入药袋、少许姜片、余过水的食材、料酒，烧开后转小火煮至食材熟透。4.倒入少许葱段，拣出药袋，加入盐、鸡粉、适量胡椒粉调味，盛汤装碗即可。

四物乌鸡汤

◎烹饪方法：煮　　◎口味：鲜

烹饪时间 Times 62分钟

原料

乌鸡肉200克，红枣8克，熟地、当归、白芍、川芎各5克

调料

盐、鸡粉各2克，料酒少许

做法

1.沸水锅中倒入斩好的乌鸡肉，淋入少许料酒，汆去血水，撇去浮沫，捞出乌鸡肉，装盘待用。2.砂锅中注水，倒入熟地、当归、白芍、川芎、红枣、乌鸡肉，拌匀。3.盖上盖，用大火煮开后转小火续煮1小时至食材熟透。4.揭盖，加入盐、鸡粉拌匀，盛汤装碗即可。

山药乌鸡粥

◎烹饪方法：煮　　◎口味：鲜

原料

水发大米145克，乌鸡块200克，山药65克，姜片、葱花各少许

调料

盐、鸡粉各2克，料酒4毫升

做法

1.去皮洗净的山药切滚刀块；洗净的乌鸡块焯水，淋入料酒，煮1分钟，捞出乌鸡块。2.砂锅中注水烧热，倒入乌鸡块、洗净的大米、少许姜片，拌匀。3.盖上盖，烧开后用小火煮至米粒熟软。4.揭盖，倒入山药拌匀，盖上盖，用小火续煮至食材熟透。5.揭盖，加入盐、鸡粉调味，盛粥装碗，撒上少许葱花即可。

烹饪时间 Times 49分钟

鸽肉

营养成分：蛋白质、脂肪、视黄醇当量、维生素A、钙、镁、锌、铜、钾、磷、钠、硒等。

主要功效

鸽肉内含丰富的蛋白质，脂肪含量很低，营养作用优于鸡肉，且更易消化吸收，是产妇的最好营养补品。此外，乳鸽骨含有丰富的软骨素，经常食用，可使皮肤变得白嫩、细腻，增强皮肤弹性，使面色红润，对产妇恢复美丽有良好的作用。

食用建议

每餐以食用半只为宜。鸽肉营养丰富，若选择油炸方法食用，会降低营养价值，长期食用还会引起机体癌变。

烹饪时间
Times
62分钟

黄花菜炖乳鸽

◎烹饪方法：炖　　◎口味：鲜

原料

乳鸽肉400克，水发黄花菜100克，红枣20克，枸杞10克，花椒、姜片、葱段各少许

调料

盐、鸡粉各2克，料酒7毫升

做法

1.洗净的黄花菜切除根部。2.将处理干净的乳鸽肉焯水，加料酒略煮，捞出待用。3.砂锅中注水烧开，加入少许洗净的花椒、姜片，红枣、枸杞、乳鸽、黄花菜拌匀，淋入料酒。4.煮沸后用小火炖煮至食材熟透。5.加入鸡粉、盐拌匀，用大火续煮至汤汁入味，取下砂锅，趁热撒上少许葱段。

桂圆益智鸽肉汤

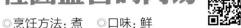

◎烹饪方法: 煮　　◎口味: 鲜

烹饪时间
Times
160分钟

◎ 原 料

桂圆益智鸽肉汤汤料包1/2包（益智仁、桂圆肉、枸杞、陈皮、莲子），乳鸽1只

◎ 调 料

盐适量

◎ 做 法

1. 益智仁装入隔渣袋，扎紧袋口，放入清水中浸泡10分钟，再倒入陈皮，泡发10分钟；枸杞、桂圆肉放入清中浸泡10分钟；莲子放入清水中泡发。

2. 鸽肉焯水，余煮一会儿，捞出待用。

3. 砂锅中注入清水，倒入鸽肉、莲子、隔渣袋、陈皮拌匀。

4. 盖上盖，大火烧开后转小火煮100分钟。

5. 揭盖，倒入枸杞、桂圆肉拌匀，盖上锅盖，小火续煮20分钟。

6. 揭盖放入适量盐调味，盛汤装碗即可。

◎ 制作指导: 在盛出的时候可以先将隔渣袋取出，会更方便盛汤。

鹌鹑肉

营养成分：蛋白质、脂肪、胆固醇、维生素A、维生素E、硫胺素、核黄素、烟酸、钙、磷、钾、钠、镁等。

主要功效

鹌鹑肉是典型的高蛋白、低脂肪、低胆固醇食物，有消肿利水、补中益气、强筋健骨的功效，可为产妇补充营养，改善虚弱、水肿的状况，而且，不会造成过多的脂肪堆积，对产妇恢复健康与美丽有积极的作用。

食用建议

每餐以食用半只为宜。鹌鹑肉可蘸酱油、醋或芝麻酱食用。鹌鹑肉不宜与木耳同食，也不可与猪肉、猪肝同食，否则会导致面生黑斑。

烹饪时间
Times
20分钟

红烧鹌鹑

◎烹饪方法：焖　◎口味：鲜

原料

鹌鹑肉300克，豆干200克，胡萝卜90克，花菇、姜片、葱条、蒜头、香叶、八角各少许

调料

料酒、生抽各6毫升，盐、白糖各2克，老抽、水淀粉、食用油各适量

做法

1.洗好原料，葱条切段；蒜头、胡萝卜、花菇切块；豆干切三角块。2.起油锅，放入蒜头炒香，加入姜片、葱条、鹌鹑肉、料酒炒香。3.加入生抽、香叶、八角、清水、盐、白糖、老抽、胡萝卜、花菇、豆干炒匀，焖煮至熟，用水淀粉勾芡，装盘即可。

冬菇蒸鹌鹑

◎烹饪方法：蒸　◎口味：鲜

原 料
鹌鹑200克，红枣40克，水发冬菇90克，姜片、葱段各少许

调 料
料酒5毫升，生抽4毫升，蚝油5克，水淀粉10毫升，食用油、盐、鸡粉各适量

做 法
1.泡发好的冬菇切去柄；处理好的鹌鹑斩成块状。2.取一个碗，放入鹌鹑块、红枣、冬菇，少许姜片、葱段，料酒、生抽、蚝油，适量盐、鸡粉，水淀粉拌匀。3.淋入适量食用油，拌匀，装入蒸盘中。4.蒸锅上火烧开，放上鹌鹑，盖上锅盖，大火蒸25分钟至其熟透，取出即可。

烹饪时间 Times 28分钟

红枣枸杞炖鹌鹑

◎烹饪方法：炖　◎口味：鲜

原 料
鹌鹑肉270克，高汤400毫升，枸杞、红枣、桂圆肉、姜片各少许

调 料
盐、鸡粉各2克

做 法
1.锅中注水烧开，倒入洗净的鹌鹑肉，搅拌均匀，汆去血水，捞出鹌鹑肉，沥干待用。2.取炖盅，放入鹌鹑肉，加入少许枸杞、红枣、桂圆肉、姜片。3.盛入高汤，加入盐、鸡粉，盖好盖子，备用。4.蒸锅上火烧开，放入炖盅，盖上盖，烧开后用小火炖约2小时至熟。5.揭开锅盖，取出炖盅，待稍微放凉后即可食用。

烹饪时间 Times 128分钟

鸡蛋

营养成分：蛋白质、卵磷脂、固醇类、蛋黄素、钙、磷、铁、维生素A、维生素D、B族维生素等。

主要功效

鸡蛋中含有多种维生素和氨基酸，其比例与人体很接近，利用率达99.6%，可增强机体免疫力。此外，鸡蛋中的铁含量尤其丰富，利用率100%，是人体铁的良好来源，是产妇恢复期补血养身的滋补佳品。

食用建议

以每天1~2个为宜。在煎、炒、烹、炸、煮、蒸等各种食法中，以煮、蒸较好，并注意宜嫩不宜老，这样容易消化吸收。常吃油煎鸡蛋的妇女，患卵巢癌的几率较大。

烹饪时间
Times
3分钟

葫芦瓜炒鸡蛋

◎烹饪方法：炒　◎口味：鲜

原料
葫芦瓜300克，鸡蛋2个，蒜末、葱段各少许

调料
盐3克，鸡粉4克，水淀粉4毫升，食用油适量

做法
1.洗净去皮的葫芦瓜切成丝；鸡蛋打入碗中，加入鸡粉、盐，打散、调匀。2.用油起锅，倒入蛋液，炒至熟，盛出。3.锅底留油，放入少许蒜末、葱段爆香，倒入葫芦瓜、清水，炒至葫芦瓜熟软。4.加入鸡蛋、盐、鸡粉炒匀，用水淀粉勾芡，盛菜装盘即可。

茭白炒鸡蛋

◎ 烹饪方法：炒　◎ 口味：鲜

烹饪时间
Times
3分钟

🔖 **原料**

茭白200克，鸡蛋3个，葱花少许

🥢 **调料**

盐3克，鸡粉3克，水淀粉5毫升，食用油适量

⚡ **做法**

1. 洗净去皮的茭白切成片；鸡蛋打入碗中，放入盐、鸡粉，打散调匀。
2. 锅中注水烧开，加入盐、适量食用油，倒入茭白，搅散，煮至其断生，捞出。
3. 炒锅注油烧热，倒入蛋液，炒至熟，盛出装碗。
4. 锅底留油，倒入茭白略炒，放入盐、鸡粉调味，倒入鸡蛋、少许葱花炒匀，淋入水淀粉勾芡，盛菜装盘即可。

💧 **制作指导**：鸡蛋要再次入锅炒，所以第一次不宜炒太久，以免炒得太老，影响口感。

鸽子蛋

营养成分：蛋白质、磷脂、铁、钙、维生素A、维生素B₁、维生素D等。

主要功效

鸽子蛋营养丰富，可以滋补肝肾、益精补血，还有改善皮肤细胞活性、皮肤中弹力纤维性的作用，气血不足的产妇常吃鸽子蛋，不但有美颜滑肤作用，还可以增强体质，治愈疾病，改善精神面貌。

食用建议

每天食用1至2个为宜。鸽子蛋最好以炖、煮来烹饪，可保留绝大部分营养，而以煎、炸等方式来制作，会降低其营养价值。

鲜菇烩鸽蛋

◎烹饪方法: 炒　　◎口味: 鲜

原料

熟鸽蛋100克，香菇75克，口蘑70克，姜片、葱段各少许

调料

盐3克，鸡粉2克，蚝油7克，料酒8毫升，水淀粉、食用油各适量

做法

1.洗净的口蘑、香菇均切小块。2.口蘑、香菇焯水，加适量食用油、盐煮至八成熟后捞出。3.用油起锅，放入少许姜片、葱段爆香，倒入口蘑、香菇略炒。4.放入熟鸽蛋、料酒炒透，放入蚝油、盐、鸡粉调味。5.注入清水，大火收汁，倒入适量水淀粉，炒至食材熟透。

烹饪时间
Times
5分钟

桂圆鸽蛋粥

◎烹饪方法：煮　◎口味：甜

🥣 原　料

水发大米150克，
桂圆肉30克，熟
鸽蛋2个，燕麦45
克，枸杞10克

🥄 调　料

冰糖适量

🧭 做　法

1. 砂锅中注水烧开，放入洗净的大米、桂圆肉、燕麦，用勺搅拌匀，盖上盖，用小火煮约30分钟至食材熟软。
2. 揭开盖，倒入熟鸽蛋、枸杞、适量冰糖，搅拌均匀。
3. 再盖上盖，用小火续煮5分钟。
4. 揭盖，搅拌匀，略煮片刻，盛粥装碗即可。

◎ 制作指导：粥煮熟后，可用勺子轻轻搅拌，以使粥变得更黏稠。

鹌鹑蛋

营养成分：蛋白质、脑磷脂、卵磷脂、胆固醇、赖氨酸、胱氨酸、维生素A、B族维生素、铁、磷、钙、钾、钠等。

主要功效

鹌鹑蛋含有丰富的矿物质和维生素，有补益气血、强身健脑、降脂降压、丰肌泽肤等功效，对妇女贫血、营养不良、月经不调有很好的调节作用，产妇食之可以补充营养，增强体质，恢复健康而且美容养颜，是产后调养的佳品。

食用建议

每天食用3~5个为宜。鹌鹑蛋忌与猪肝及菌类食物同时食用，否则易使人面生黑斑或生痔疮。

烹饪时间
Times
15分钟

酱香鹌鹑蛋

◎烹饪方法：煮　　◎口味：鲜

原料

鹌鹑蛋300克

调料

白糖35克，老抽4毫升，生抽7毫升，盐2克，食用油适量

做法

1.鹌鹑蛋水煮至熟，捞出，放入凉水中过凉，取出去壳。2.用牙签将鹌鹑蛋两个一串穿起来，制成小串。3.热锅注油烧热，加入清水、白糖，炒制成枣红色，再加入清水、老抽、生抽、盐、鹌鹑蛋，搅拌片刻。4.煮开后转小火焖10分钟至入味。5.将鹌鹑蛋捞出装入盘中，将锅中卤汁浇在鹌鹑蛋上即可。

叉烧鹌鹑蛋

◎烹饪方法：煮　◎口味：鲜

烹饪时间 Times 12分钟

🍗 原料

鹌鹑蛋250克

🧂 调料

食用油适量，叉烧酱3勺

🔪 做法

1.砂锅中注入适量清水，倒入鹌鹑蛋，加盖，大火煮开转小火煮8分钟至熟。2.揭盖，捞出鹌鹑蛋放入凉水中冷却，再去壳，放入碗中待用。3.用油起锅，倒入叉烧酱，炒匀。4.放入鹌鹑蛋，油煎约2分钟至转色，捞出鹌鹑蛋即可。

鹌鹑蛋牛奶

◎烹饪方法：煮　◎口味：甜

🍗 原料

熟鹌鹑蛋100克，牛奶80毫升

🧂 调料

白糖5克

🔪 做法

1.熟鹌鹑蛋对半切开，备用。2.砂锅中注清水烧开，倒入牛奶，放入鹌鹑蛋，搅拌片刻。3.盖上盖，烧开后用小火煮约1分钟。4.揭开盖，加入白糖，搅匀，煮至白糖溶化，盛汤装碗，放凉即可食用。

烹饪时间 Times 3分钟

水产类

鲢鱼

营养成分：蛋白质、氨基酸、脂肪、糖类、灰分，维生素A、维生素D、维生素B，钙、磷、铁、铜、硫胺素、核黄素、烟酸等。

主要功效

鲢鱼营养丰富，能起到温中益气、祛除脾胃寒气、暖胃补气、利水止咳等作用，产妇多吃鲢鱼还可起到光滑肌肤、乌黑头发、促进乳汁分泌的作用。

食用建议

每餐食用量不要超过100克为宜。清洗鲢鱼时，一定要将鱼肝清除掉，因为其鱼肝中含有毒素。

烹饪时间
Times
19分钟

红烧鲢鱼块

◎烹饪方法：炒　　◎口味：鲜

原料

鲢鱼肉450克，水发香菇50克，姜片、葱段各少许

调料

盐、鸡粉各2克，料酒8毫升，老抽3毫升，生抽4毫升，白糖4克，蚝油、水淀粉、食用油各适量

做法

1.洗净的香菇切丝；处理好的鲢鱼肉切块。2.鱼块用盐、料酒、适量水淀粉腌渍15分钟。3.将鱼块炸至金黄色，装盘。4.起油锅，放入少许姜片爆香，倒入香菇、少许葱段、水、老抽、生抽、盐、白糖、适量蚝油拌匀。5.放入鱼块、鸡粉、料酒、适量水淀粉炒匀，装盘即可。

青木瓜煲鲢鱼

烹饪方法：煮 ◎ 口味：鲜

⊙ 原料

鲢鱼450克，木瓜160克，红枣15克，姜片、葱段各少许

⊙ 调料

盐3克，料酒8毫升，橄榄油适量

烹饪时间
Times
43分钟

⊙ 做法

1. 洗净去皮的木瓜去瓤，切成小块；处理干净的鲢鱼切成块，装入碗中，加入盐、料酒，搅拌均匀，腌渍约10分钟至其入味。

2. 锅置火上，淋入适量橄榄油烧热，放入鲢鱼块，煎至两面断生，撒上少许姜片、葱段炒香，将食材盛入砂锅中。

3. 将砂锅置于火上，加入清水、木瓜块、红枣搅匀，烧开后用小火煮约10分钟。

4. 加入盐、料酒搅匀调味，用小火煮约20分钟至食材熟透，拌匀，盛汤装碗即可。

❶

⊙ 制作指导：若使用熟木瓜，可以晚点放入，以免煮烂了影响口感。

鲫鱼

营养成分：蛋白质、脂肪、维生素A、维生素B$_1$、维生素B$_2$、维生素B$_{12}$、烟酸、钙、磷、铁等。

主要功效

鲫鱼肉可补阴血、利水消肿、通络下乳，鲫鱼油可促进血液循环，鲫鱼卵则可调中补气。产妇食用鲫鱼，可补充营养，调中补气，而且自古以来鲫鱼就是产妇的催乳补品，吃鲫鱼可以让产后妇女乳汁充盈。

食用建议

以每餐约50克为宜。鲫鱼用以清蒸或煮汤营养效果最佳，经烧亦可。若经煎炸，功效会大打折扣。

烹饪时间 Times 18分钟

葱油鲫鱼

◎烹饪方法：煮　◎口味：鲜

原料

鲫鱼300克，葱条20克，红椒5克，姜片、蒜末各少许

调料

盐3克，鸡粉2克，生粉6克，生抽、老抽、水淀粉、食用油各适量

做法

1.洗好的葱条取梗切段，葱叶切成葱花；洗净的红椒去籽切丝。2.鲫鱼用适量生抽、盐、生粉腌渍10分钟。3.锅中注油烧热，将鲫鱼炸至呈金黄色，捞出；倒入葱梗，炸至变软，捞出；下少许姜片、蒜末爆香，加水，适量生抽、老抽、盐、鸡粉调味。4.放入鲫鱼略煮，装盘，余下汤汁加适量水淀粉调成味汁，浇在鱼上，撒上红椒丝、葱花。

烹饪时间
Times
8分钟

黄花菜鲫鱼汤

◎烹饪方法: 煮　◎口味: 鲜

原料

鲫鱼350克，水发黄花菜170克，姜片、葱花各少许

调料

盐3克，鸡粉2克，料酒10毫升，胡椒粉少许，食用油适量

做法

1.锅中注油烧热，加入少许姜片爆香，放入处理干净的鲫鱼煎香，盛出待用。2.锅中倒入开水，放入鲫鱼、料酒、盐、鸡粉、少许胡椒粉、黄花菜，拌匀。3.盖上盖，用中火煮3分钟。4.揭开盖，把煮好的鱼汤盛出，装入汤碗中，撒上少许葱花即可。

香菇豆腐鲫鱼汤

◎烹饪方法: 煮　◎口味: 鲜

原料

鲫鱼段400克，豆腐180克，香菇3朵，香菜4克，姜片10克

调料

盐4克

做法

1.洗净的豆腐切块；洗好的香菇切块。2.取出电饭锅，开盖，倒入处理干净的鲫鱼段、香菇、豆腐、姜片、适量清水至没过食材，拌匀。3.盖上盖，按下"功能"键，调至"靓汤"状态，煮30分钟至食材熟软。4.开盖，加入盐、洗净的香菜，搅匀调味，盛汤装碗即可。

烹饪时间
Times
35分钟

黄鱼

营养成分：蛋白质、脂肪、碳水化合物、维生素A、维生素E、钾、钠、钙、镁、硒及烟酸、硫胺素等。

主要功效

黄鱼有健脾开胃、安神止痢、益气填精之功效，可治久病体虚、少气乏力、头昏神倦、肢体浮肿等症状。产妇贫血体虚，食欲不振，或会出现水肿等状况，常食用黄鱼有利于缓解这些不适，促进身体恢复健康。

食用建议

每餐食用量以不超过100克为宜。黄鱼不能用牛、羊油煎炸，煎黄鱼时最好擦干鱼身上的水分。

烹饪时间
Times
20分钟

春笋烧黄鱼

◎烹饪方法：煮　◎口味：鲜

原料

黄鱼400克，竹笋180克，姜末、蒜末、葱花各少许

调料

鸡粉、胡椒粉各2克，豆瓣酱6克，料酒10毫升，食用油适量

做法

1.洗净去皮的竹笋切片；处理好的黄鱼切上花刀。2.竹笋焯水，加料酒略煮，捞出待用。3.锅中注油烧热，将黄鱼煎至两面断生，倒入少许姜末、蒜末，豆瓣酱炒香。4.放入清水、竹笋、料酒拌匀，烧开后用小火焖至食材熟透。5.加鸡粉、胡椒粉略煮，盛出菜肴，撒上少许葱花。

花雕黄鱼

◎ 烹饪方法：焖　◎ 口味：鲜

烹饪时间
Times
16分钟

⊘ 原料

黄鱼300克，红椒
圈10克，姜片、
葱段各少许

⊘ 调料

花雕酒200毫升，
盐2克，鸡粉3
克，食用油适量

⊘ 做法

1. 用油起锅，放入处理好的黄鱼，煎炸片刻至转色，用勺子舀出多余的油。
2. 放入少许姜片、葱段爆香，倒入花雕酒，加入盐，稍煮片刻。
3. 加入红椒圈，加盖，中火焖10分钟至熟。
4. 揭盖，加入鸡粉，搅拌一下至入味，盛出装盘，浇上汁液即可。

◎ 制作指导：黄鱼洗净要沥干水分，这样煎的时候不会粘锅。

三文鱼

营养成分：蛋白质、脂肪、胆固醇、烟酸、不饱和脂肪酸、虾青素、多种维生素以及钙、铁、锌、镁、磷等矿物质。

主要功效

三文鱼营养丰富，可为产妇补充损耗，增强体质，而且三文鱼中除了含Ω-3不饱和脂肪酸外还有另外一种强效抗氧化成分——虾青素，能有效抗击自由基，延缓皮肤衰老，同时还能够保护皮肤免受紫外线的伤害。所以，三文鱼是产后调养的一种美味健康的食物。

食用建议

每餐食用量以80克左右为宜。三文鱼用于制作热菜时，其最佳成熟度为七成熟，三文鱼原料在这样的成熟度，口感才软滑鲜嫩、香糯松散。

烹饪时间
Times
18分钟

香煎三文鱼

◎烹饪方法: 煎　◎口味: 鲜

原料

三文鱼180克，葱条、姜丝各少许

调料

盐2克，生抽4毫升，鸡粉、白糖各少许，料酒、食用油各适量

做法

1.将洗净的三文鱼装入碗中，加入生抽、盐，少许鸡粉、白糖、姜丝、葱条，适量料酒抓匀，腌渍15分钟。2.炒锅中注油烧热，放入三文鱼，煎约1分钟至散出香味。3.翻动鱼块，煎至金黄色。4.把煎好的三文鱼盛出，装入盘中即可。

烹饪时间 Times 22分钟

奶香果蔬煎三文鱼

◎烹饪方法: 煎　　◎口味: 鲜

原料

三文鱼160克，芦笋35克，圣女果50克，巴旦木仁25克，奶油30克

调料

料酒3毫升，生粉、盐、黑胡椒粉、橄榄油各适量

做法

1.洗净的芦笋切段；洗好的圣女果对半切开。2.处理好的三文鱼装碗，用料酒，适量盐、黑胡椒粉腌渍15分钟。3.煎锅置于火上，倒入适量橄榄油烧热，倒入芦笋煎香，盛出装盘。4.煎锅留油烧热，放入巴旦木仁炒香，盛出装盘；把三文鱼裹上适量生粉，放入锅中，煎至两面熟透。5.盛出三文鱼，摆入盘中，浇上奶油，撒上巴旦木仁，点缀上圣女果即可。

三文鱼蔬菜汤

◎烹饪方法: 煮　　◎口味: 鲜

原料

三文鱼70克，西红柿85克，口蘑35克，芦笋90克

调料

盐、鸡粉各2克，胡椒粉适量

做法

1.洗净的芦笋切成小段；洗好的口蘑切成薄片；洗净的西红柿切成小瓣，去除表皮；处理好的三文鱼切成丁。2.锅中注水烧开，倒入三文鱼，煮至变色，再放入芦笋、口蘑、西红柿拌匀。3.烧开后用大火煮10分钟至熟，加入盐、鸡粉、适量胡椒粉调味，盛汤装碗即可。

烹饪时间 Times 11分钟

海参

营养成分：蛋白质、氨基酸、黏多糖、脂肪酸、甾醇、三萜醇、多种维生素、海参素、硫酸软骨素等。

主要功效

海参具有滋阴、补血、健阳、润燥、调经、养胎、抗衰老、抗凝血、增强免疫力、防放射线损伤等多种功效，产妇常吃有利于滋补强身，补充气血，并且美容养颜。

食用建议

食用量以涨发品每餐80克为宜。食用海参不要加醋，酸性环境会让胶原蛋白的空间结构发生变化、蛋白质分子出现不同程度的凝集和紧缩，影响口感，并且降低营养价值。

烹饪时间
Times
5分钟

桂圆炒海参

◎烹饪方法：炒　◎口味：鲜

原料

莴笋200克，水发海参200克，桂圆肉50克，枸杞、姜片、葱段各少许

调料

盐、鸡粉各4克，料酒10毫升，生抽、水淀粉各5毫升，食用油适量

做法

1.洗净去皮的莴笋切成薄片。2.洗好的海参、莴笋焯水，加盐、鸡粉、料酒、食用油略煮，捞出食材。3.用油起锅，放入少许姜片、葱段爆香，倒入莴笋、海参炒匀，加入盐、鸡粉、生抽调味。4.倒入水淀粉勾芡，放入枸杞、桂圆肉炒匀即可。

鲍汁海参

◎烹饪方法：炒　　◎口味：鲜

🥘 原 料

水发海参420克，西兰花400克，鲍鱼汁40克，高汤800毫升，葱条、姜片各少许

🧂 调 料

盐3克，白糖2克，老抽2毫升，料酒5毫升，水淀粉、食用油各适量

🥢 做 法

1.洗净的海参切条；洗净的西兰花切朵。

2.西兰花焯水，加入适量食用油、盐，焯煮至其熟透，捞出装碗。

3.海参焯水，加入料酒煮沸，捞出待用。

4.起油锅，撒上少许葱条、姜片爆香，倒入海参、料酒、高汤、鲍鱼汁、白糖、盐、老抽调味，用大火煮沸。

5.倒入水淀粉炒匀，拣出葱条、姜片。

6.将西兰花倒扣在盘中，围上海参，淋上锅中的汤汁即可。

① ② ③ ④ ⑤ ⑥

◎ **制作指导**：海参的气味较重，余煮的时间可长一些，这样口感更佳。

鲍鱼

营养成分：蛋白质、维生素A、维生素B$_1$、维生素D、钙、铁、碘、锌、磷等。

主要功效

鲍鱼含有20多种氨基酸以及其它多种营养物质，其滋补强身的功效甚大，产妇食用鲍鱼，对补充损耗、恢复身体机能有很好的作用，而且鲍鱼滋补而不燥，有清肝热之功效，对内分泌平衡大有裨益。

食用建议

每餐食用1个为宜。烹煮鲍鱼时别用太多含钠的调味料，如蚝油、生抽、盐、味精等。

烹饪时间
Times
8分钟

油淋小鲍鱼

◎烹饪方法：煮　◎口味：鲜

原料

鲍鱼120克，红椒10克，花椒4克，姜片、蒜末、葱花各少许

调料

盐2克，鸡粉1克，料酒、生抽、食用油各适量

做法

1.洗好的鲍鱼肉切上花刀；洗净的红椒去籽切丁。2.锅中注水烧开，放入适量料酒、鲍鱼肉、鲍鱼壳、盐、鸡粉，煮1分钟，捞出食材。3.起油锅，下少许姜片、蒜末爆香，放入清水、适量生抽、盐、鸡粉、鲍鱼肉拌匀，煮至鲍鱼熟。4.拣出壳，放入鲍鱼肉、红椒、少许葱花。5.将花椒爆香，用油淋鲍鱼。

鲍鱼橄榄汤

◎烹饪方法: 煮　　◎口味: 鲜

🥦 原 料

鲍鱼120克，排骨段180克，青橄榄50克，
姜片、葱段各少许

🍶 调 料

盐、鸡粉各2克，料酒7毫升

🍳 做 法

1.洗净的鲍鱼切开，去除脏物；洗好的青
橄榄对半切开。

2.锅中注水烧开，倒入鲍鱼拌匀，用中火
煮1分钟，去除腥味，捞出材料，待用。

3.沸水锅中倒入排骨段，淋入料酒拌匀，
汆去血水，捞出排骨段，沥干待用。

4.砂锅中注水烧热，倒入鲍鱼、排骨段、
青橄榄，少许姜片、葱段，淋入料酒。

5.盖上盖，烧开后用小火煮至食材熟透。

6.揭盖，加入盐、鸡粉拌匀，略煮片刻至
汤汁入味，盛汤装碗即成。

◎ 制作指导: 可以撒上少许胡椒粉，
这样口感更佳。

虾

营养成分：蛋白质、脂肪、膳食纤维、胆固醇、维生素A、视黄醇、硫胺素、核黄素、尼克酸、钙、磷、钾、钠、镁、铁等。

主要功效

虾的营养非常丰富，可以促进骨骼、牙齿生长发育，促进皮肤神经健康，加强人体新陈代谢的功能，并预防缺铁性贫血。虾可满足产妇身体对营养的需求，又可治产后缺乳，是产后调养的一种理想食物。

食用建议

每餐食用50克为宜。虾背上的沙线一定要剔除，不能食用。美国科学家发现，食用虾类等水生甲壳类动物时服用大量的维生素C能够致人死亡。

烹饪时间
Times
10分钟

荔枝凤尾虾

◎烹饪方法: 炸　　◎口味: 鲜

原料

荔枝200克，基围虾200克

调料

盐7克，鸡粉3克，水淀粉8毫升，食用油适量

做法

1.荔枝去蒂，去壳，去核，留肉待用。2.基围虾去头，剥掉尾部以上的外壳，切开背部，去掉虾线。3.把虾仁装碗，用盐、鸡粉、水淀粉腌渍5分钟。4.荔枝肉烫煮片刻，捞出装盘；用油起锅，虾仁炸至转色，捞出备用。5.锅底留油，加入清水、盐、鸡粉、水淀粉调成稠汁，盛入碗中。6.把虾仁塞入荔枝肉中，装盘，浇上稠汁即可。

玉子虾仁

◎烹饪方法: 蒸　　◎口味: 鲜

🍳 **原 料**

日本豆腐110克，虾仁60克，豌豆50克

🥄 **调 料**

盐3克，鸡粉少许，生粉15克，老抽2毫升，生抽4毫升，水淀粉、食用油各适量

🍴 **做 法**

1. 将日本豆腐去除包装，切成棋子状。
2. 洗净的虾仁装碟，加入盐、少许鸡粉、适量水淀粉，拌匀至入味。
3. 日本豆腐装盘，撒上生粉，放上虾仁、豌豆、盐，制成玉子虾仁，静置片刻。
4. 蒸锅上火烧开，放入玉子虾仁，蒸至其熟透后取出。
5. 另起油锅烧热，注入少许清水，淋入生抽、老抽，加入盐、少许鸡粉拌匀，倒入适量水淀粉，拌至汤汁浓稠，制成味汁。
6. 盛出味汁，浇在玉子虾仁上即成。

①

②

③

④

⑤

⑥

◎ **制作指导**: 在玉子虾仁上撒盐时，可以使用细格的滤网筛入，这样蒸好的豆腐味道会更好。

海带

营养成分：蛋白质、硫胺素、核黄素、钙、钠、镁、钾、磷、硫、铁、锌、硒等。

主要功效

海带富含碘，碘有助于恢复卵巢的正常机能，纠正内分泌失调，消除乳腺增生的隐患。此外，海带还有降低血脂、排毒养颜等作用。产妇适当食之，有利于预防疾病，恢复健康及苗条的身材。

食用建议

以每餐不超过20克为宜。因海带含有褐藻胶物质，在食用时不易煮软，如果把成捆的干海带打开，放在蒸笼蒸半个小时，再用清水泡上一夜，就会变得脆嫩软烂。

烹饪时间
Times
7分钟

素炒海带结

◎烹饪方法：炒　　◎口味：清淡

原料

海带结300克，香干80克，洋葱60克，彩椒40克，葱段少许

调料

盐、鸡粉各2克，水淀粉4毫升，生抽、食用油各适量

做法

1.洗净原料，香干切条；彩椒去籽，切条；洋葱切条。2.海带结焯水，加食用油煮2分钟，捞出备用。3.用油起锅，倒入香干、洋葱、彩椒炒匀，放入海带结炒匀。4.加入适量生抽、盐、鸡粉调味，倒入水淀粉炒匀，盛出食材，装入盘中即可。

海带牛肉汤

◎烹饪方法：煮　◎口味：鲜

烹饪时间 Times 34分钟

原 料
牛肉150克，水发海带丝100克，姜片、葱段各少许

调 料
鸡粉2克，胡椒粉1克，生抽4毫升，料酒6毫升

做 法
1.将洗净的牛肉切成丁；锅中注水烧开，倒入牛肉丁、料酒拌匀，余去血水，捞出牛肉丁待用。2.高压锅中注水烧热，放入牛肉丁，少许姜片、葱段，料酒，盖好盖，拧紧，用中火煮约30分钟，至食材熟透。3.拧开盖子，倒入洗净的海带丝，转大火略煮一会儿，加入生抽、鸡粉、胡椒粉调味，盛汤装碗即可。

海带姜汤

◎烹饪方法：煮　◎口味：清淡

原 料
海带300克，白芷、夏枯草各8克，姜片20克

调 料
盐2克

做 法
1.洗好的海带切成小块。2.砂锅中注水烧开，放入海带、姜片，加入白芷、夏枯草，拌匀，盖上盖，用小火煮15分钟，至海带熟透。3.揭开盖，放入盐，搅拌片刻，至食材入味盛汤装碗即可。

烹饪时间 Times 19分钟

紫菜

营养成分：蛋白质、氨基酸、碳水化合物、甘露醇、胆碱、核黄素、胡萝卜素、铁、磷、钙等。

主要功效

紫菜富含胆碱、核黄素和钙、铁等多种矿物质，女性产后很容易体虚缺钙，多食用紫菜可以补充损耗，维持骨骼、牙齿的正常机能。此外，紫菜还含有一定的甘露醇，可利水去肿，对产后水肿有一定的缓解作用。

食用建议

每餐食用量不超过15克为宜。若紫菜在凉水中浸泡后呈蓝紫色，说明被有毒物质污染，不可食用。

烹饪时间
Times
6分钟

紫菜豆腐羹

◎烹饪方法：煮　　◎口味：鲜

原料

豆腐260克，西红柿65克，鸡蛋1个，水发紫菜200克，葱花少许

调料

盐、鸡粉各2克，芝麻油、水淀粉、食用油各适量

做法

1.洗净的西红柿切丁；洗好的豆腐切块；鸡蛋打入碗中，打散调匀，制成蛋液。2.锅中注水烧开，放入适量食用油、西红柿、豆腐块、鸡粉、盐、紫菜拌匀，煮至食材熟透。3.用适量水淀粉勾芡，倒入蛋液，拌至蛋花成形。4.淋入适量芝麻油，装碗，撒上少许葱花。

紫菜南瓜汤

◎烹饪方法: 鲜　◎口味: 煮

原料

水发紫菜180克，南瓜100克，鸡蛋1个，虾皮少许

调料

盐、鸡粉各2克，芝麻油适量

做法

1.洗净去皮的南瓜切成小块；鸡蛋打入碗中，打散调匀，制成蛋液。2.锅中注水烧开，放入少许虾皮、南瓜，用大火煮约5分钟。3.放入紫菜拌匀，煮至熟软，加入盐、鸡粉、适量芝麻油，拌匀调味。4.倒入蛋液，搅散，呈蛋花状，盛汤装碗即可。

紫菜鱼片粥

◎烹饪方法: 煮　◎口味: 鲜

原料

水发大米180克，草鱼片80克，水发紫菜60克，姜丝、葱花各少许

调料

盐、鸡粉各3克，胡椒粉少许，料酒3毫升，水淀粉、食用油各适量

做法

1.将草鱼片装盘，用盐、鸡粉、料酒、适量水淀粉、食用油腌渍10分钟。2.砂锅中注水烧开，倒入洗净的大米，拌匀，盖上盖，煮沸后用小火煮30分钟，至米粒变软。3.揭盖，倒入洗净的紫菜、少许姜丝拌匀，放入盐、鸡粉、少许胡椒粉，拌匀调味。4.倒入草鱼片，用大火续煮至食材熟透，盛粥装碗，撒上少许葱花即成。

水果类

苹果

营养成分: 蛋白质、脂肪、碳水化合物、膳食纤维、维生素A、胡萝卜素、维生素C、维生素E、钙、钾、铁等。

主要功效

苹果有安眠养神、补脑养血、益气除烦、消食化积之功效。产妇食用苹果,可以很好地补充营养,还可以缓和情绪落差,提高睡眠质量。此外,现代医学研究认为,食用苹果能够降低胆固醇,降血压,保持血糖稳定,降低过旺的食欲,有利于产后减肥。

食用建议

每天食用1~2个为宜。吃苹果时,最好先用水洗干净,削去果皮后食用。吃苹果时要细嚼慢咽,这样不仅有利于消化,更重要的是对减少人体疾病大有好处。

烹饪时间
Times
33分钟

牛肉苹果丝

◎烹饪方法:炒　　◎口味:鲜

原料

牛肉丝150克,苹果150克,生姜15克

调料

盐3克,鸡粉2克,料酒5毫升,生抽4毫升,水淀粉3毫升,食用油适量

做法

1.洗净的生姜切薄片,再切成丝;洗好的苹果去核,切成条。2.将牛肉丝装入盘中,加入盐、料酒、水淀粉拌匀。3.淋入适量食用油,腌渍半小时至其入味,备用。4.热锅注油,倒入姜丝、牛肉丝,翻炒至变色。5.淋入料酒、生抽,放入盐、鸡粉,倒入苹果丝炒匀,盛菜装盘即可。

拔丝苹果

◎烹饪方法: 炸　　◎口味: 甜

烹饪时间
Times
10分钟

① ② ③ ④ ⑤ ⑥

🔸 原 料

去皮苹果2个，高筋面粉90克，泡打粉60克，熟白芝麻20克

🔸 调 料

白糖40克，食用油适量

🔸 做 法

1. 洗净的苹果去籽，切块。
2. 取一碗，倒入部分高筋面粉、泡打粉，注入适量清水，用筷子拌匀，制成面糊。
3. 取一碗，放入苹果块，撒上剩余的高筋面粉，混合均匀，倒入面糊中，用筷子拌匀，使其充分混合。
4. 热锅注油烧热，放入苹果块，油炸约3分钟至金黄色，捞出苹果块，装盘待用。
5. 锅底留油，加入白糖，边搅拌边煮约2分钟至白糖溶化，倒入苹果块炒匀。
6. 盛出苹果，装盘，撒上熟白芝麻即可。

🔹 **制作指导**: 切好的苹果最好放入凉水中浸泡，以防氧化变黑。

香蕉

营养成分：蛋白质、脂肪、蔗糖、果糖、葡萄糖、膳食纤维、灰分、维生素A、磷、钾等。

主要功效

香蕉能促进大脑分泌内啡化学物质，能缓和紧张的情绪，降低疲劳。产妇适当食用香蕉，不仅可以获得营养，还可治疗抑郁和情绪不安。此外，香蕉还有润肠的作用，可以促进废物排出，防治产后便秘。

食用建议

每天食用1～2根为宜。不要空腹吃香蕉，如果在空腹时吃香蕉就会加快肠胃的运动，促进血液的循环，增强心脏的负荷，可能会导致心肌梗塞。

烹饪时间
Times
9分钟

冰糖枸杞蒸香蕉

◎烹饪方法：蒸　　◎口味：甜

原料

香蕉2根，枸杞10克

调料

冰糖10克

做法

1. 香蕉去皮，切成薄厚一致的片，摆入盘中，撒上枸杞，再撒上冰糖。
2. 电蒸锅注水烧开上气，放入香蕉。
3. 盖上锅盖，调转旋钮定时蒸8分钟。
4. 待8分钟后，掀开锅盖，将香蕉取出即可。

香蕉牛奶鸡蛋羹

◎烹饪方法：蒸　　◎口味：鲜

原　料

香蕉1个，鸡蛋2个，牛奶250毫升

做　法

1.洗好的香蕉剥皮，把果肉压成泥。2.将鸡蛋打入碗中，打散调匀。3.倒入香蕉泥、牛奶，拌匀，制成香蕉牛奶鸡蛋液，倒入干净的蒸碗中。4.蒸锅上火烧开，放入蒸碗，盖上盖，用中小火蒸10分钟至熟。5.揭盖，取出蒸碗即可。

烹饪时间
Times
15分钟

香蕉燕麦粥

◎烹饪方法：煮　　◎口味：清淡

原　料

燕麦160克，香蕉120克，枸杞少许

做　法

1.将洗净的香蕉剥去果皮，把果肉切成丁。2.砂锅中注水烧热，倒入洗好的燕麦。3.盖上盖，烧开后用小火煮30分钟至燕麦熟透。4.揭开盖，倒入香蕉，放入少许枸杞，搅拌均匀，用中火煮5分钟。5.关火后盛出煮好的香蕉燕麦粥即可。

烹饪时间
Times
36分钟

橙子

营养成分：糖类、维生素C、钙、磷、钾、胡萝卜素、柠檬酸、橙皮甙以及醛、醇、烯类等。

主要功效

中医认为橙子有生津止渴、舒肝理气、通乳、消食开胃等功效，有很好的补益作用。现代医学研究认为橙子中维生素C、胡萝卜素的含量高，能软化和保护血管，降低胆固醇和血脂，增加皮肤弹性，减少皱纹。所以，产妇食用橙子可缓解食欲不振、乳房胀痛等不适之症，并且能美肤养颜。

食用建议

每天食用1~2个为宜。食用橙子后不要立即饮用牛奶，因为橙子中的维生素C可破坏牛奶中的蛋白质，容易导致腹泻、腹痛。

烹饪时间
Times
13分钟

橙汁鸡片

◎烹饪方法：炒　◎口味：甜

原料

鸡胸肉300克，橙汁80克，洋葱、红椒各30克，蒜末、葱花各少许

调料

盐、鸡粉各2克，白糖6克，料酒3毫升，水淀粉、食用油各适量

做法

1.将原料处理干净，红椒去籽切丁；洋葱切丁；鸡胸肉切片。2.鸡肉片用盐、鸡粉，适量水淀粉、食用油腌渍10分钟。3.起油锅，放入少许蒜末爆香，放入洋葱、红椒略炒。4.倒入鸡肉片、料酒炒香。5.加入清水、橙汁、白糖，炒至白糖溶化，盛菜装盘，撒上少许葱花。

香橙排骨

◎烹饪方法：焖　　◎口味：鲜

烹饪时间
Times
40分钟

🍄 原 料

排骨500克，香橙250克，橙汁25毫升

🥣 调 料

盐2克，鸡粉3克，料酒、生抽各5毫升，老抽、水淀粉、食用油各适量

🍴 做 法

1. 洗净的香橙取部分切片，围在盘边。
2. 将排骨倒入碗中，加入生抽、料酒，适量老抽、水淀粉，拌匀，腌渍30分钟。
3. 将剩余的香橙切去瓤，取皮切丝。
4. 热锅注油烧热，放入排骨，油炸约2分钟至转色，盛出装盘。
5. 用油起锅，倒入排骨，加入料酒、生抽、橙汁、清水、盐、鸡粉拌匀，大火煮开后转小火焖4分钟至熟。
6. 倒入部分香橙丝拌匀，盛出排骨，装入放有香橙的盘中，再撒上剩余的香橙丝。

◎ **制作指导**：排骨先油炸再焖烧，这样不仅可以节省烹煮时间，还可使口感更佳。

猕猴桃

营养成分：猕猴桃碱、蛋白水解酶、天然肌醇、单宁果胶、糖类、葡萄酸、柠檬酸、苹果酸、维生素C、脂肪、钙、钾、硒、锌、镁等。

主要功效

猕猴桃有解热、止渴、通淋之功效，对产妇食欲不振、消化不良等症有良好的改善作用。此外，猕猴桃中含有的血清促进素具有稳定情绪、镇静心情的作用，加上它所含有的天然肌醇，有助于脑部活动，因此能帮助产妇走出情绪低谷，尽快摆脱产后忧郁症。

食用建议

每天食用1个为宜。清洗时先用刷子将猕猴桃的绒毛刷净，再用清水冲洗。

猕猴桃蛋饼

◎烹饪方法：煎　　◎口味：鲜

⊕ 原 料

猕猴桃50克，鸡蛋1个，牛奶50毫升

🔒 调 料

白糖7克，生粉15克，水淀粉、食用油各适量

✅ 做 法

1.去皮洗净的猕猴桃切片；牛奶倒入碗中，加猕猴桃拌匀，制成水果汁。2.鸡蛋打入碗中，加入白糖、适量水淀粉，拌至白糖溶化，再撒上生粉拌匀，制成鸡蛋糊。3.将鸡蛋糊煎至两面熟透。4.盛出鸡蛋饼，放置在案板上，待冷却后倒入水果汁，卷起鸡蛋饼呈圆筒形，切段，摆在盘中即成。

烹饪时间
Times
5分钟

猕猴桃炒虾仁

◎烹饪方法: 炒　　◎口味: 鲜

🥄 原 料

猕猴桃60克，鸡蛋1个，胡萝卜70克，虾仁75克

🧂 调 料

盐4克，水淀粉、食用油各适量

🔪 做 法

1. 去皮洗净的猕猴桃切成小块；洗好的胡萝卜切丁；虾仁由背部切开，去除虾线，装碗，加盐、水淀粉抓匀，腌渍10分钟。
2. 鸡蛋打入碗中，加盐、水淀粉调匀。
3. 锅中加水烧开，放入2克盐，倒入胡萝卜，煮1分钟至断生，捞出胡萝卜。
4. 热锅注油烧热，倒入虾仁，炸至转色，捞出；再倒入蛋液，炒熟，盛出，装碗。
5. 用油起锅，倒入胡萝卜、虾仁、鸡蛋炒匀，放入盐、猕猴桃炒匀。
6. 倒入水淀粉炒至食材入味，装盘即可。

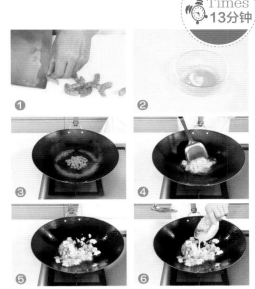

◎ 制作指导: 炸虾仁的时候，要注意控制好时间和火候，以免炸得过老，影响成品口感。

木瓜

营养成分：蛋白质、番木瓜碱、木瓜蛋白酶、B族维生素、维生素E、胡萝卜素等。

主要功效

木瓜中丰富的木瓜酶对乳腺发育很有助益，而木瓜酵素中含丰富的丰胸激素及维生素A等养分，能刺激女性激素分泌，并能刺激卵巢分泌雌激素，使乳腺畅通，此外木瓜还有美肤、乌发的功效，产妇适当食之有利于分泌乳汁，减少脂肪堆积，恢复健康与美丽。

食用建议

每餐食用量不要超过100克。木瓜中的番木瓜碱对人体有微毒，因此每餐食用量不宜过多，多吃会损筋骨、损腰部和膝盖力气。

木瓜煲猪脚

◎烹饪方法：煮　◎口味：鲜

◯ 原 料

猪脚块300克，木瓜270克，姜片、葱段各少许

🔒 调 料

料酒4毫升，盐、鸡粉各2克

✐ 做 法

1.洗净去皮的木瓜去瓤切块。2.猪脚块焯水，加料酒氽煮，捞出待用。3.砂锅中注水烧热，倒入少许姜片，用中火煮沸。4.倒入猪脚块、少许葱段、料酒，烧开后用小火煲约1小时。5.倒入木瓜拌匀，用小火续煮约20分钟至食材熟透。6.加入盐、鸡粉，拌匀调味，盛出菜肴即可。

烹饪时间
Times
85分钟

木瓜鲤鱼汤

◎ 烹饪方法：煮　◎ 口味：鲜

🥦 原料

鲤鱼800克，木瓜200克，红枣8克，香菜少许

🧂 调料

盐、鸡粉各1克，食用油适量

烹饪时间
Times
35分钟

🔪 做法

1. 洗净的木瓜削皮，去籽，切成块；洗好的香菜切大段。
2. 热锅注油，放入处理干净的鲤鱼，稍煎2分钟至表皮微黄，盛出，装盘待用。
3. 砂锅注水，放入鲤鱼，倒入木瓜、红枣拌匀，加盖，用大火煮30分钟至汤汁变白。
4. 揭盖，倒入少许香菜，加入盐、鸡粉，拌至入味，盛汤装碗即可。

🥣 制作指导: 放点胡椒粉，味道更佳。

草莓

营养成分：氨基酸、糖类、柠檬酸、苹果酸、果胶、胡萝卜素、维生素B$_1$、维生素B$_2$、烟酸、钙、镁、磷、钾、铁等。

主要功效

草莓是含抗氧化剂维生素C和维生素E的佼佼者，可保护机体细胞膜免遭氧化破坏并可清除体内氧自由基等代谢"垃圾废物"，防范或减少脏器的退行性老化。草莓中含有的果胶及纤维素，可促进胃肠蠕动，改善便秘，产妇食之可获得丰富的营养，有利于身体恢复健康。

食用建议

每餐食用10个左右为宜。洗草莓时最好用自来水不断冲洗，洗净后也不要马上吃，最好用淡盐水浸泡5分钟再吃。

烹饪时间
Times
8分钟

草莓樱桃苹果煎饼

◎烹饪方法：煎　◎口味：鲜

原料

鸡蛋1个，草莓80克，苹果90克，樱桃、玉米粉、面粉各60克

调料

橄榄油5毫升

做法

1.洗净的草莓切成小块；洗净的樱桃切碎；洗净的苹果切成小块；鸡蛋打开，取蛋清装入碗中。2.将面粉倒入碗中，加入玉米粉、蛋清、清水、水果拌匀，制成水果面糊。3.煎锅中注入橄榄油烧热，倒入水果面糊，摊成饼状，用小火煎至两面焦黄色。4.把煎好的饼取出，用刀切成小块，装入盘中即可。

烹饪时间
Times
3分钟

酸奶草莓

◎烹饪方法：拌　◎口味：甜

原 料

草莓90克，酸奶100克

调 料

蜂蜜适量

做 法

1.洗净的草莓切去果蒂，再把果肉切成小块。2.取一个干净的碗，倒入草莓块，放入酸奶，拌匀。3.淋上适量蜂蜜，快速搅拌一会儿，至食材入味。4.再取一个干净的盘子，盛入拌好的食材，摆好盘即成。

草莓牛奶羹

◎烹饪方法：榨　◎口味：甜

原 料

草莓60克，牛奶120毫升，适量温开水

做 法

1.洗净的草莓去蒂，切成丁。2.取榨汁机，选择搅拌刀座组合，将切好的草莓倒入搅拌杯中。3.放入牛奶，注入适量温开水，盖上盖。4.选择"榨汁"功能，榨取果汁。5.断电后倒出汁液，装入碗中即可。

烹饪时间
Times
2分钟

荔枝

营养成分：糖分、蛋白质、多种维生素、脂肪、柠檬酸、果胶、硫胺酸、核黄素、尼克酸、抗坏血酸、磷、铁等。

主要功效

中医认为，荔枝有生津、益血、健脑、理气、止痛等作用，产妇适当食用荔枝，可以养血补气，有利于补充身体损耗。此外，荔枝拥有丰富的维生素，可促进微细血管的血液循环，防止雀斑的产生，对因妊娠产生的色素沉着有一定改善，令皮肤更加光滑。

食用建议

每天食用5个左右为宜。荔枝虽好吃，但不宜多食，多吃容易导致便秘。荔枝不耐久存，可晒成荔枝干、酿酒、做菜。

烹饪时间
Times
7分钟

荔枝鸡球

◎烹饪方法：炒　　◎口味：鲜

原 料

鸡胸肉165克，荔枝135克，鸡蛋1个，彩椒40克，姜片、葱段各少许

调 料

盐3克，鸡粉2克，料酒5毫升，生粉、水淀粉、食用油各适量

做 法

1. 洗净的彩椒切片；洗好的荔枝去皮，取果肉；洗净的鸡胸肉切末。
2. 把鸡肉末装碗，加料酒、鸡粉、盐、鸡蛋、适量生粉拌匀，制成鸡肉糊。
3. 把鸡肉糊做成鸡肉丸，炸至呈金黄色捞出。
4. 起油锅，下少许姜片、葱段爆香，倒入彩椒、荔枝肉、鸡肉丸炒匀。
5. 加盐、鸡粉、料酒、适量水淀粉炒匀，装盘。

香酥荔枝肉丸

◎烹饪方法: 炸　◎口味: 鲜

原　料

荔枝160克，肉末75克，鸡蛋1个，面包糠适量，姜末、葱花各少许

调　料

盐、鸡粉各2克，料酒3毫升，生抽4毫升，生粉、水淀粉、食用油各适量

做　法

1.洗净的荔枝去皮，去核，留果肉。

2.将肉末，少许姜末、葱花、料酒、生抽、盐、鸡粉、适量水淀粉装碗拌匀，制成肉馅。

3.另取碗，放入适量生粉，打入鸡蛋，搅散，注入清水，拌匀，制成蛋糊。

4.取荔枝肉，盛入肉馅，包好，收紧口，依次滚上蛋糊、适量面包糠，制作成肉丸生坯。

5.热锅注油烧热，放入生坯，用中小火炸至食材熟透。

6.捞出肉丸，沥干油，装入盘中即可。

❶　❷　❸　❹　❺　❻

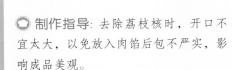

◎ **制作指导**: 去除荔枝核时，开口不宜太大，以免放入肉馅后包不严实，影响成品美观。

李子

营养成分：糖类、脂肪、胡萝卜素、天门冬素、维生素B_1、维生素B_2、维生素C、烟酸、钙、磷、铁及多种氨基酸等。

主要功效

李子能促进胃酸和消化酶的分泌，有增强肠胃蠕动的作用，同时具有清热生津、利水等功效，适用于阴虚内热、津少口渴、水肿、小便不利等症。此外，李子的悦面养容之功十分奇特，能使颜面光洁如玉，是美容养颜不可多得的天然食物。所以，产妇适当食用些李子可缓解食欲不振、水肿、便秘等不适，还能帮助恢复美丽。

食用建议

每餐食用3~5个为宜。清洗李子应先用水浸泡，然后洗净；李子切记不可与雀肉、蜂蜜同食，同食对人体内脏损伤极大。

烹饪时间
Times
25分钟

李子果香鸡

◎烹饪方法: 煮　◎口味: 鲜

原料

鸡肉400克，李子160克，土豆180克，洋葱40克，红椒15克，八角、姜片各少许

调料

盐2克，生抽4毫升，料酒、食用油各少许

做法

1.洗净去皮的土豆切块；洗好的洋葱切片。2.鸡肉焯水，捞出待用。3.起油锅，放入少许八角、姜片爆香，倒入鸡肉，适量料酒、生抽炒匀，加入清水、李子拌匀，煮至沸腾，撇去浮沫。4.加入盐、土豆，用小火焖约20分钟。5.倒入红椒、洋葱，炒至熟，盛菜即可。

冰糖李汁

◎烹饪方法：榨汁　◎口味：甜

烹饪时间
Times
12分钟

◉ 原 料

　李子200克

◉ 调 料

　冰糖25克

◉ 做 法

1. 洗净的李子切开，切取果肉，备用。
2. 取一小碗，倒入冰糖，盛入适量开水，拌匀，至其溶化，制成糖水。
3. 取榨汁机，选择搅拌刀座组合，倒入李子，加入糖水，注入适量温开水，盖上盖。
4. 选择"榨汁"功能，榨取果汁，装入杯中即可。

❶

❷

❸

❹

◉ 制作指导：李子核要去掉，以免损伤榨汁机。

葡萄

营养成分：糖类、蛋白质、酒石酸、维生素B_1、维生素B_2、维生素B_6、维生素C、维生素P、钙、钾、磷、铁等。

主要功效

葡萄富含糖类、矿物质及维生素，是补血佳品，并可舒缓神经衰弱和疲劳过度，同时它还能改善心悸盗汗、腰酸腿痛、筋骨无力、脾虚气弱、面浮肢肿以及小便不利等症。此外，葡萄所含的酒石酸能助消化，适量食用能和胃健脾，对身体大有裨益。产妇常伴有气血亏损、食欲不振、水肿等不良症状，食用葡萄有利于恢复健康。

食用建议

每天食用约100克为宜。吃葡萄后不能立刻喝水，否则很快就会腹泻，但是这种腹泻不是细菌引起的，泻完后会不治而愈。

烹饪时间
Times
2分钟

葡萄菠萝奶

◎烹饪方法：榨　◎口味：甜

原 料

葡萄145克，橙子45克，菠萝肉65克，牛奶200毫升

调 料

白糖适量

做 法

1.洗净的葡萄切开，去籽；洗好的菠萝肉切成小块；洗净的橙子切成小瓣，去除果皮，再将果肉切成小块。2.取榨汁机，选择搅拌刀座组合，倒入葡萄、菠萝肉、橙子、牛奶。3.盖上盖，选择"榨汁"功能，榨取果汁。4.断电后倒出葡萄菠萝奶，加入适量白糖，搅拌匀至其溶化即可。

葡萄豆浆

◎ 烹饪方法：榨　◎ 口味：清淡

烹饪时间
Times
16分钟

原料

水发黄豆40克，
葡萄20克

做法

1. 洗净的葡萄切成瓣；已浸泡8小时的黄豆倒入碗中，注入适量清水，用手搓洗干净，倒入滤网，沥干。

2. 将葡萄、黄豆倒入豆浆机中，注入适量清水，至水位线即可。

3. 盖上豆浆机机头，选择"五谷"程序，再选择"开始"键，开始打浆。

4. 待豆浆机运转约15分钟，即成豆浆，将豆浆机断电，取下机头，把葡萄豆浆倒入滤网，滤取豆浆，倒入杯中即可。

 ❶ 　  ❷ 　  ❸ 　  ❹

制作指导：葡萄皮有点涩味，可将皮去掉后再打浆。

桂圆

营养成分：葡萄糖、酒石酸、蛋白质、脂肪、维生素C、维生素K、铁、钙、磷、钾等。

主要功效

桂圆营养丰富，含铁量也比较高，可在提高热能、补充营养的同时促进血红蛋白再生，从而达到补血的效果，使得血气丰沛。此外，桂圆还有抑制癌细胞生长的作用，对子宫癌细胞的抑制率超过90%。所以，桂圆既可滋补强身，又可防治疾病，特别适合气血虚弱的产妇食用。

食用建议

每天5颗左右。桂圆不宜保存，建议现买现食。鲜桂圆不宜过多食用，以免引发湿热；已经变味的桂圆不可食用。

桂圆炒虾仁

◎烹饪方法：炒　◎口味：鲜

原料

虾仁200克，桂圆肉180克，胡萝卜片、姜片、葱段各少许

调料

盐、鸡粉各3克，料酒10毫升，水淀粉16毫升，食用油适量

做法

1.洗净的虾仁由背部切开，去除虾线，装碗，用盐、鸡粉、水淀粉、食用油腌渍10分钟。2.虾仁焯水，煮至变色，捞出，放入油锅中，滑油片刻，捞出备用。3.锅底留油，放入少许胡萝卜片、姜片、葱段爆香，倒入桂圆肉、虾仁、料酒炒匀。4.加入鸡粉、盐、水淀粉，炒匀，装盘即可。

烹饪时间
Times
15分钟

桂圆银耳糖水

◎烹饪方法: 煮　　◎口味: 甜

原 料

水发银耳150克，苹果180克，红枣、桂圆肉
各30克

调 料

冰糖30克

做 法

1.洗净的银耳切去黄色根部，切成小块；
洗好的苹果去皮、去核，切成小块。2.砂锅
中注水烧开，放入银耳、红枣、桂圆肉、苹
果。3.盖上盖，烧开后用小火煮约20分钟至
食材熟透。4.揭开盖，放入冰糖，搅拌匀，
煮约半分钟至冰糖溶化，盛出桂圆银耳糖
水，装入碗中即可。

桂圆养血汤

◎烹饪方法: 煮　　◎口味: 甜

原 料

桂圆肉30克，鸡蛋1个

调 料

红糖35克

做 法

1.将鸡蛋打入碗中，搅散。2.砂锅中注
入适量清水烧开，倒入桂圆肉，搅拌一
下。3.盖上盖，用小火煮约20分钟，
至桂圆肉熟。4.揭盖，加入红糖，搅拌
均匀。5.倒入鸡蛋，边倒边搅拌，续煮
约1分钟，至汤入味，盛出装碗即可。

干果类

桑葚干

营养成分：糖类、蛋白质、脂肪、鞣酸、苹果酸、胡萝卜素、花青素、维生素A、维生素C、铁、钙、镁、磷、钾等。

主要功效

桑葚干富含蛋白质、多种人体必需的氨基酸以及很容易被人体吸收的果糖和葡萄糖，能预防动脉硬化，对心脑血管有保护作用，同时，还可刺激肠黏膜，促使肠液分泌，加强肠蠕动，防治产后便秘。

食用建议

每餐食用10颗为宜，不要过度食用，因为桑葚内含有较多的胰蛋白酶抑制物——鞣酸，会影响人体对铁、钙、锌等物质的吸收。

桑葚牛骨汤

◎烹饪方法：炖　◎口味：鲜

原料

桑葚干15克，枸杞10克，姜片20克，牛骨600克

调料

盐、鸡粉各3克，料酒20毫升

做法

1.洗净的牛骨焯水，加料酒煮至沸腾，捞出待用。2.砂锅中注水烧开，倒入余过水的牛骨，放入洗净的桑葚干、枸杞、姜片，淋入适量料酒。3.盖上盖，用小火炖2小时，至食材熟透。4.揭开盖，放入盐、鸡粉，搅拌片刻，至食材入味。5.将炖煮好的汤料盛出，装入碗中即可。

烹饪时间
Times
124分钟

桑葚乌鸡汤

◎烹饪方法：煮　　◎口味：鲜

烹饪时间 Times 95分钟

❂ 原　料

乌鸡肉400克，竹笋80克，桑葚干8克，姜片、葱段各少许

❂ 调　料

料酒7毫升，盐、鸡粉各2克

❂ 做　法

1.洗好去皮的竹笋切成薄片。

2.锅中注水烧热，倒入竹笋片，煮约3分钟，捞出竹笋片，沥干备用。

3.倒入乌鸡肉，搅散，略煮一会儿，余去血水，捞出乌鸡肉，沥干备用。

4.砂锅中注水烧开，倒入少许姜片、葱段，桑葚干、乌鸡肉、竹笋片、料酒，搅拌均匀。

5.盖上盖，烧开后用小火煮约90分钟至食材熟软。

6.揭开盖，加入盐、鸡粉，搅拌均匀，至食材入味，盛汤装碗即可。

◎ 制作指导：竹笋焯一下水，可减轻其涩味。

红枣

营养成分：蛋白质、脂肪、粗纤维、糖类、有机酸、黏液质、维生素A、维生素C、钙、磷、铁等。

主要功效

红枣有补中益气、养血安神的功效，可治产妇脾胃虚弱、食欲不振、贫血虚寒、疲乏无力、气血不足、津液亏损、心悸失眠等症。此外，红枣对防治骨质疏松、产后疲劳有重要作用，因此产妇应常吃红枣。

食用建议

每餐食用50克左右为宜。为防止农药残留毒害，食用前最好先用清水洗净果实表面的病菌和污物，再用0.1%~0.2%的高锰酸钾溶液浸洗一次，对果实表面消毒后再食用。

红枣芋头

◎烹饪方法：清淡　◎口味：蒸

原料

去皮芋头250克，红枣20克

调料

白糖适量

做法

1.洗净的芋头切片。2.取一盘，将洗净的红枣摆放在底层中间。3.盘中依次均匀铺上芋头片，顶端再放入几颗红枣。4.蒸锅注水烧开，放上摆好食材的盘子。5.加盖，用大火蒸10分钟至熟透。6.揭盖，取出红枣芋头，撒上适量白糖即可。

烹饪时间
Times
12分钟

烹饪时间 Times 63分钟

红枣养颜汤

◎烹饪方法：煮　　◎口味：甜

◯ 原 料

红枣2颗，去皮冬瓜180克，水发薏米160克，鲜百合130克

◯ 调 料

冰糖40克

◯ 做 法

1.去皮洗好的冬瓜切条，改切丁。2.热水锅中倒入泡发洗好的薏米、冬瓜、洗净的百合、冰糖、洗好的红枣，拌匀。3.加上盖，用大火煮开后转小火续煮1小时至熟软。4.揭盖，关火后盛出甜汤，装碗即可。

红枣豆浆

◎烹饪方法：榨　　◎口味：甜

◯ 原 料

红枣肉8克，水发黄豆50克

◯ 调 料

白糖适量

◯ 做 法

1.将已浸泡8小时的黄豆倒入碗中，注入清水，用手搓洗干净，倒入滤网中，沥干水分。2.将黄豆、红枣肉倒入豆浆机中，注入适量清水，至水位线即可。3.盖上豆浆机机头，选择"五谷"程序，再选择"开始"键，开始打浆。4.待豆浆机运转约15分钟，即成豆浆，将豆浆机断电，取下机头，用滤网滤取豆浆。5.将红枣豆浆倒入杯中，加入适量白糖拌匀，至白糖溶化即可。

烹饪时间 Times 17分钟

板栗

营养成分：淀粉、蛋白质、叶酸、维生素C、维生素B_6、维生素B_1、不饱和脂肪酸、铁、磷、铜、镁等。

主要功效

板栗富含淀粉、维生素和矿物质，有益气补脾、调养肠胃、活血止血、消除疲劳等功效。产妇适当食用可以补充营养，促进恶露排出，恢复子宫健康。而且，板栗所含的不饱和脂肪酸及丰富的维生素可以起到抗衰老的作用，有利于保持产妇的年轻与健康。

食用建议

每餐食用10个为宜。板栗的食用方法很多，生熟皆可，还可以烹调多种名菜。吃了发霉的板栗会引起中毒，因此变质的板栗不能吃。

烹饪时间
Times
40分钟

板栗烧鸡翅

◎烹饪方法: 煮　　◎口味: 咸

🍳 **原料**

鸡中翅350克，板栗仁160克，花椒、姜片各5克，八角2个，蒜片、葱段各10克

🥣 **调料**

盐3克，白砂糖2克，生抽5毫升，料酒6毫升，老抽2毫升，植物油适量

🥄 **做法**

1.热锅注植物油，放入姜片、葱段、蒜片爆香，放入洗净切好的鸡中翅，煎至微黄。2.加料酒、老抽、生抽，炒至鸡中翅着色均匀。3.倒入板栗仁炒匀，加清水、八角、花椒、白砂糖搅匀。4.用大火煮开后转小火续煮30分钟，加盐炒匀，盛菜装盘即可。

烹饪时间
Times
93分钟

板栗龙骨汤

◎烹饪方法：煮　　◎口味：鲜

原料

龙骨块400克，板栗100克，玉米段100克，
胡萝卜块100克，姜片7克

调料

料酒10毫升，盐4克

做法

1.砂锅中注入适量清水烧开，倒入龙骨块，
加入料酒、姜片拌匀，加盖，大火煮片刻。
2.揭盖，撇去浮沫，倒入玉米段拌匀，加
盖，小火煮1小时至析出有效成分。3.揭
盖，加入洗好的板栗拌匀，加盖，小火续煮
15分钟至熟。4.揭盖，倒入洗净的胡萝卜
块，拌匀，加盖，小火续煮15分钟至食材熟
透。5.揭盖，加入盐，搅匀至食材入味，盛
汤装碗即可。

栗子小米粥

◎烹饪方法：煮　　◎口味：清淡

原料

水发大米150克，水发小米100克，熟板
栗80克

做法

1.把熟板栗切小块，剁成细末。2.砂锅
中注水烧开，倒入洗净的大米、小米，
搅匀，使米粒散开。3.盖上盖，煮沸
后用小火煮约30分钟，至米粒熟软。
4.揭盖，搅拌匀，续煮片刻，盛粥装
碗，撒上板栗末即成。

烹饪时间
Times
33分钟

核桃

营养成分：蛋白质、脂肪、碳水化合物、维生素E、维生素B$_6$、维生素B$_1$、维生素B$_2$、叶酸、泛酸、烟酸、铜、镁、钾、磷、铁等。

主要功效

核桃含有亚油酸，有润肺、补肾、壮阳等功能，是产妇温补肺肾、强身健体的理想滋补食品。此外，核桃含有大量的维生素E，可提高细胞的生长速度，减少皮肤病，产妇食之还可以美容养颜。

食用建议

每餐食用20克为宜。吃核桃时，建议不要将核桃仁表面的褐色薄皮剥掉，这样会损失一部分营养。

烹饪时间
Times
9分钟

核桃蒸蛋羹

◎烹饪方法：蒸　　◎口味：淡

原料

鸡蛋2个，核桃末适量

调料

红糖15克，黄酒5毫升

做法

1.备一玻璃碗，倒入温水，放入红糖，搅拌至红糖溶化。2.备一空碗，打入鸡蛋，打散至起泡，加入黄酒、红糖水，拌匀。3.蒸锅中注水烧开，放入蛋液，盖上盖，用中火蒸8分钟。4.揭盖，取出蒸好的蛋羹，撒上打碎的核桃末即可。

核桃枸杞粥

◎烹饪方法：煮　　◎口味：甜

🍄 原 料

核桃仁30克，枸杞8克，水发大米150克

🍶 调 料

红糖20克

⏱ 做 法

1.锅中注水烧开，倒入洗净的大米，拌匀，放入洗好的核桃仁。2.盖上盖，用小火煮约30分钟至食材熟软。3.揭开盖，放入洗净的枸杞，搅拌匀。4.再盖上盖，煮10分钟至食材熟透。5.揭盖，放入红糖，搅拌匀，煮至红糖溶化，盛粥装碗即可。

烹饪时间 Times 42分钟

核桃露

◎烹饪方法：煮　　◎口味：鲜

🍄 原 料

核桃仁30克，红枣40克，米粉65克

🍶 调 料

食粉1克

⏱ 做 法

1.锅中注水烧开，放入核桃仁，加入食粉，煮15分钟至熟，捞出核桃仁；将洗净的红枣切开，去核，把枣肉切成粒。2.取榨汁机，选搅拌刀座组合，把红枣、核桃仁倒入杯中，加少许清水，盖上盖子，选择"搅拌"功能，榨成汁。3.把榨好的红枣核桃汁倒入碗中，再倒入汤锅中。4.加入米粉，用勺子搅拌匀，盛出装碗即可。

烹饪时间 Times 8分钟

花生

营养成分：蛋白质、脂肪、糖类、维生素A、维生素B_6、维生素E、维生素K、钙、磷、铁等。

主要功效

花生具有健脾和胃、通乳、利肾去水、降压止血之功效，可帮助产妇缓解产后出血、食欲不振、水肿等不良症状。同时，花生中的脂肪油与蛋白质对产后乳汁不足者有滋补气血、养血通乳的作用。花生的含钙量较高，对产妇缺钙也有很好的防治作用。

食用建议

每天食用80克为宜。花生霉变后含有大量致癌物质——黄曲霉素，所以霉变的花生制品不可食用。

烹饪时间
Times
53分钟

花生健齿汤

◎烹饪方法：煮　◎口味：甜

原料

莲子50克，红枣5颗，花生100克

调料

白糖15克

做法

1.砂锅中注水烧开，加入花生、泡好的莲子，拌匀。2.盖上盖，用大火煮开后转小火续煮30分钟至熟软。3.揭盖，加入洗净的红枣。4.盖上盖，续煮20分钟至食材有效成分析出。5.揭盖，加入白糖，搅拌至白糖溶化，盛汤装碗即可。

花生牛肉粥

◎烹饪方法：煮　◎口味：鲜

🔹 **原料**

水发大米120克，
牛肉50克，花生
米40克，姜片、
葱花各少许

🔹 **调料**

盐、鸡粉各2克，
适量料酒

烹饪时间
Times
35分钟

🔹 **做法**

1. 洗好的牛肉切成丁，用刀剁几下，倒入沸水锅中，淋入适量料酒，汆去血水，捞出牛肉，沥干待用。

2. 砂锅中注水烧开，倒入牛肉，放入少许姜片、花生米、大米，搅拌均匀。

3. 盖上锅盖，烧开后用小火煮约30分钟至食材熟软。

4. 揭开锅盖，加入盐、鸡粉，搅匀调味，撒上少许葱花，搅匀煮香，盛粥装碗即可。

🔹 **制作指导**：大米可用温水泡发，这样能缩短煮熟的时间。

白果

营养成分：淀粉、粗蛋白、核蛋白、脂肪、蔗糖、矿物元素、粗纤维、维生素C、银杏酚、银杏酸、钙、磷、铁、钾、镁等。

主要功效

白果是高级的滋补品，有显著的畅通血管、改善大脑功能、延缓衰老的作用，产妇食之可以滋补强身，缓解因气血凝滞引发的头晕、疼痛等不适症状，同时改善身体机能，恢复健康活力。而且白果可以扩张微血管，促进血液循环，使人肌肤、面部红润，产妇食之，美容养颜。

食用建议

每天食用5~10克为宜。白果有微毒，在烹饪前需先经温水浸泡数小时，然后入开水锅中煮熟后再行烹调，这样可以使有毒物质溶于水中或受热挥发。

烹饪时间
Times
13分钟

白果鸡丁

◎烹饪方法：炒　◎口味：鲜

原料

鸡胸肉300克，彩椒60克，白果120克，姜片、葱段各少许

调料

盐适量，鸡粉2克，水淀粉8克，生抽、料酒、食用油少许

做法

1.洗净的彩椒切块；鸡胸肉切丁，装碗，用适量盐、鸡粉、水淀粉、少许食用油腌渍10分钟。2.洗净的白果、彩椒焯水，捞出；鸡肉丁滑油至变色，捞出。3.锅底留油，下少许姜片、葱段爆香，加入白果、彩椒、鸡肉丁、少许料酒、盐、鸡粉炒透。4.倒入少许生抽、水淀粉炒匀，装盘即可。

白果炖乳鸽

◎烹饪方法：炖　　◎口味：鲜

原 料

白果30克，火腿块50克，乳鸽肉200克，枸杞少许，高汤适量

调 料

盐2克，鸡粉、胡椒粉适量

做 法

1.锅中注水烧开，放入洗净的乳鸽肉，煮5分钟，汆去血水，捞出乳鸽肉后过冷水，装盘备用。2.另起锅，注入适量高汤烧开，加入乳鸽肉、白果、火腿块，拌匀。3.盖上锅盖，调至大火，煮开后调至中火，煮3小时至食材熟透。4.揭开锅盖，加入少许枸杞、盐，适量鸡粉、胡椒粉拌匀，至食材入味。5.盖上锅盖，再煮10分钟，揭开锅盖，将汤料盛出即可。

白果蒸鸡蛋

◎烹饪方法：蒸　　◎口味：鲜

原 料

鸡蛋2个，白果10克

调 料

盐、鸡粉各1克，适量温开水

做 法

1.取一个碗，打入鸡蛋，加入盐、鸡粉，注入适量温开水，搅散。2.蒸锅注水烧开，放入调好的蛋液，盖上盖，用小火蒸10分钟。3.揭盖，放入洗好的白果，盖上盖，再蒸5分钟至熟。4.揭盖，取出蒸好的蛋羹即可。

松子

营养成分：蛋白质、不饱和脂肪酸、维生素E、膳食纤维、磷、镁、钙、铁等。

主要功效

松子含有丰富的维生素E和铁质，因而不仅可以减轻疲劳，还能延缓细胞老化，保持青春美丽，改善贫血等。松子可以促进神经的传达功能、消除疲劳、帮助气血循环、滋补强壮、提升肠胃功能、预防便秘，还可预防骨质疏松症、增强骨体，因此产妇食之，可以防治疾病、补益气血、增强体质。

食用建议

每餐20克为宜。松子存放时间长了会产生"油哈喇"味，意味着其油脂氧化已经变质，不宜食用。

松仁豆腐

◎烹饪方法：煮　　◎口味：鲜

原　料

松仁15克，豆腐200克，彩椒35克，干贝12克，葱花、姜末各少许

调　料

盐2克，料酒、生抽、老抽各2毫升，水淀粉3毫升，食用油适量

做　法

1.洗净的彩椒切片；洗好的豆腐切块。2.松仁炸出香味后捞出；豆腐块炸至呈微黄色后捞出。3.锅底留油，下少许姜末爆香，放入洗好的干贝、料酒、彩椒略炒。4.加入清水、盐、生抽、老抽、豆腐块，拌匀摊开，煮至食材入味。5.倒入水淀粉勾芡，装盘，撒上松仁、少许葱花即可。

烹饪时间
Times
6分钟

松仁丝瓜

◎烹饪方法: 炒　◎口味: 淡

烹饪时间
Times
9分钟

🍶 原 料

松仁20克，丝瓜块90克，胡萝卜片30克，姜末、蒜末各少许

🍱 调 料

盐3克，鸡粉2克，水淀粉10毫升，食用油5毫升

🥘 做 法

1.洗净的胡萝卜片、丝瓜块焯水，加食用油煮至食材断生，捞出装盘。

2.用油起锅，倒入松仁，滑油翻炒片刻，捞出松仁，装盘待用。

3.锅底留油，放入少许姜末、蒜末爆香，倒入胡萝卜片、丝瓜块炒匀。

4.加入盐、鸡粉，翻炒片刻至入味。

5.倒入水淀粉，炒匀。

6.将炒好的丝瓜盛出，装入盘中，撒上松仁即可。

◎ 制作指导: 切好的丝瓜块最好浸在清水中，以免氧化变黑。

粮豆类

小米

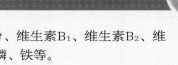

营养成分：蛋白质、淀粉、维生素B$_1$、维生素B$_2$、维生素E、胡萝卜素、钙，磷、铁等。

主要功效

小米具有益肾和胃、除热的作用，对脾胃虚寒、产后病后体虚、失眠者有益。小米含有容易被消化的淀粉，很容易被人体消化吸收。现代医学发现，其内所含色氨酸会促使一种使人产生睡意的五羟色胺促睡血清素分泌，所以小米也是很好的安眠食品。因此，小米是产妇很好的调养滋补品。

食用建议

每餐50克左右。小米多做粥食用，煮食前将小米泡发1小时，沥干，即可做成各种不同的食品。

烹饪时间
Times
25分钟

小米蒸排骨

◎烹饪方法：蒸　◎口味：鲜

原料

排骨段400克，水发小米90克，姜片、蒜末、葱花各少许

调料

盐2克，鸡粉少许，生粉5克，生抽、料酒、芝麻油各3毫升，食用油适量

做法

1.洗净的排骨段装碗，放入少许姜片、蒜末、鸡粉，盐、生抽、料酒，拌至食材入味。2.倒入沥干水的小米拌匀，用生粉、芝麻油腌渍一会儿。3.取盘子，倒入排骨段，叠放整齐，放入烧开的蒸锅中。4.用中火蒸至食材熟透，取出，撒上少许葱花，浇入热油即可。

烹饪时间 Times 31分钟

小米山药粥

◎烹饪方法：煮　　◎口味：清淡

原 料

水发小米120克，山药95克

调 料

盐2克

做 法

1.洗净去皮的山药切成丁。2.砂锅中注水烧开，倒入洗好的小米、山药丁拌匀。3.盖上盖，用小火煮30分钟，至食材熟透。4.揭开盖，放入盐，拌至其入味，盛粥装碗即可。

小米鸡蛋粥

◎烹饪方法：煮　　◎口味：鲜

原 料

小米300克，鸡蛋40克

调 料

盐、食用油适量

做 法

1.砂锅中注入清水，用大火烧热，倒入备好的小米，搅拌片刻。2.盖上锅盖，烧开后转小火煮20分钟至熟软。3.掀开锅盖，加入适量盐、食用油，搅匀调味。4.打入鸡蛋，小火煮2分钟，盛粥装碗。

烹饪时间 Times 24分钟

黑米

营养成分：蛋白质、碳水化合物、B族维生素、维生素E、钙、磷、钾、镁、铁、锌等。

主要功效

多食黑米有开胃益中、暖脾暖肝、补血养颜之功效，对于妇女产后虚弱、病后体虚以及贫血、肾虚均有很好的补养作用。此外，黑米中的黄铜类化合物能维持血管正常渗透压，减轻血管脆性，防止血管破裂和止血，对产后出血有一定的食疗效果。

食用建议

每餐50克为宜。黑米的米粒外部有一层坚韧的种皮包裹，不易煮烂，故黑米应先浸泡一夜再煮。

 黑米蒸莲藕

◎烹饪方法: 蒸　◎口味: 甜

原 料

莲藕150克，水发黑米100克

调 料

白糖适量

做 法

1.将去皮洗净的莲藕切下一个小盖子。2.将淘洗好的黑米填入莲藕孔中，塞满，压实，盖子塞入黑米，盖在莲藕上，插入牙签，固定封口。3.把塞满黑米的莲藕放入烧开的蒸锅中，盖上盖，小火蒸30分钟至熟。4.揭盖，将莲藕取出，装入碗中。5.把蒸熟的莲藕切成片，摆入盘中，再撒上适量白糖即可。

烹饪时间
Times
33分钟

红豆黑米粥

◎烹饪方法：煮　　◎口味：甜

◎ 原 料

黑米100克，红豆50克

◎ 调 料

冰糖20克

◎ 做 法

1.砂锅中注水烧开，倒入洗净的红豆和黑米，搅散、拌匀。2.盖上盖，烧开后转小火煮约65分钟，至食材熟软。3.揭盖，加入冰糖，拌煮至冰糖溶化。4.盛出煮好的红豆黑米粥，装在碗中即可。

烹饪时间
Times
67分钟

椰汁黑米粥

◎烹饪方法：煮　　◎口味：清淡

◎ 原 料

黑米50克，水发大米80克，椰汁175毫升

◎ 做 法

1.砂锅注水烧热，倒入黑米、大米拌匀，盖上锅盖，烧开后用小火煮约30分钟。2.揭开锅盖，倒入备好的椰汁，搅拌匀。3.盖上锅盖，用小火续煮约10分钟至食材熟透。4.揭开锅盖，持续搅拌一会儿，盛出煮好的粥，装入碗中即可。

烹饪时间
Times
42分钟

糯米

营养成分：蛋白质、脂肪、糖类、维生素B_1、维生素B_2、烟酸、钙、磷、铁等。

主要功效

糯米有补中益气、止泻、健脾养胃、止虚汗、安神益心、调理消化和吸收的作用，对脾胃虚弱、神疲乏力、产后虚弱、气短无力等症有舒缓作用，同时对于体虚产生的盗汗、血虚、头昏眼花也有改善的妙用，对产后的人大有裨益。

食用建议

每餐50克为宜。胃肠消化功能弱的产妇不宜食用糯米。将糯米煮成粥，更能发挥糯米的营养价值，古书记载："糯米粥为温养胃气妙品。"

烹饪时间
Times
57分钟

荷香糯米蒸排骨

◎烹饪方法：蒸　　◎口味：甜

原料

荷叶4片，排骨块260克，水发糯米120克，姜蓉、葱花各3克

调料

腐乳汁、海鲜酱各20克，生抽10毫升

做法

1.取一碗，放入排骨块，用少许姜蓉、葱花，腐乳汁、海鲜酱、生抽腌渍15分钟。2.取两个盘子，一个放上荷叶，另一个倒入糯米，将排骨块沾上糯米。3.排骨快放到荷叶上，包好，并依次包好全部的排骨块，装盘。4.蒸锅注入水烧开，放入排骨块，将排骨块蒸至熟透，取出，打开荷叶即可。

荷香糯米鸡

◎烹饪方法：蒸　　◎口味：香

◎ 原 料

糯米150克，鸡翅250克，荷叶半张，八角1个，水发香菇30克，葱段、姜丝各5克

◎ 调 料

盐2克，生抽5毫升，老抽2毫升

◎ 做 法

1.在洗净的鸡翅两面各切上两道一字刀；泡好的香菇切条。2.将鸡翅装碗，加入老抽、生抽、盐、八角、香菇、葱段、姜丝拌匀，腌渍15分钟。3.鸡翅中倒入泡好的糯米，拌匀。4.将洗净的荷叶摊在盘子上，倒入拌好的食材，包好。5.将食材放入已烧开的电蒸锅中，加盖，蒸30分钟至熟。6.揭盖，取出蒸好的糯米鸡，食用时剪开荷叶即可。

小麦糯米粥

◎烹饪方法：煮　　◎口味：甜

◎ 原 料

小麦100克，糯米100克

◎ 调 料

冰糖20克

◎ 做 法

1.砂锅中注入适量清水烧开，放入洗净的小麦和糯米，搅拌匀。2.盖上盖，烧开后转小火煮约80分钟，至食材熟透。3.揭盖，放入适量冰糖，搅拌匀，用中火煮至溶化。4.盛出煮好的糯米粥，装在碗中即可。

薏米

营养成分：蛋白质、糖类、薏苡仁脂、维生素B$_1$、赖氨酸、钙、钾、铁等。

主要功效

薏米能强筋骨、健脾胃、消水肿、利尿、消炎镇痛，产妇食用薏米，可以补益元气，还可排毒消肿，利于恢复身体创伤。此外，薏米含有大量的维生素B$_1$，可以改善粉刺、黑斑、雀斑与皮肤粗糙等现象，也是产妇美肤佳品。

食用建议

每餐50~100克为宜。便秘、尿多的妇女应忌吃薏米，消化功能较弱的产妇宜少吃，最好炖烂再吃。

烹饪时间
Times
168分钟

薏米炖排骨

◎烹饪方法：煮　　◎口味：鲜

原料

排骨300克，薏米100克，姜片10克

调料

盐4克，米酒5毫升

做法

1.将洗净的排骨装碗，用米酒、姜片腌渍15分钟。2.取电饭锅，打开盖子，通电后倒入泡好的薏米。3.倒入排骨，加入清水至水位线"1"的位置，搅匀。4.盖上盖子，按下"功能"键，调至"老火汤"状态，煮150分钟。5.按下"取消"键，打开盖子，加盐调味，盛汤装碗即可。

烹饪时间
Times
34分钟

红豆薏米汤

◎烹饪方法：煮　◎口味：甜

原 料

水发红豆35克，薏米20克，牛奶适量

调 料

冰糖适量

做 法

1.锅中注水烧开，倒入泡发好的红豆、薏米，拌匀。2.盖上盖子，烧开后用中火煮30分钟至食材软烂。3.揭开盖子，倒入适量冰糖，搅拌一会儿。4.待冰糖完全溶化，倒入适量牛奶，搅匀。5.将煮好的甜汤盛出，装入碗中，待稍微放凉即可饮用。

白果薏米粥

◎烹饪方法：煮　◎口味：淡

原 料

水发薏米、水发大米各80克，白果30克，枸杞3克

调 料

盐3克

做 法

1.砂锅中注水烧开，倒入薏米、大米拌匀。2.大火烧开后转小火煮30分钟至米粒熟软。3.放入白果、枸杞，拌匀，小火续煮10分钟至食材熟软。4.加入盐，拌至食材入味，盛粥装碗即可。

烹饪时间
Times
42分钟

黑芝麻

营养成分：蛋白质、维生素A、维生素D、维生素E、维生素B$_1$、维生素B$_2$、维生素E、糖类、卵磷脂、油脂、芝麻素、芝麻酚、铁、钙、镁、磷等。

主要功效

黑芝麻中丰富多样的营养物质，可养肝益肾、补血养颜、润燥滑肠、通乳，有助于产妇恢复身体机能，预防便秘，促进头发生长，使头发乌黑亮丽。此外，黑芝麻因富含矿物质，如钙与镁等，有助于骨头生长，可改善产妇缺钙症状。

食用建议

每天10~20克为宜。黑芝麻仁外面有一层稍硬的蜡，把它碾碎后食用才能使人体吸收到营养，所以整粒的黑芝麻应加工后再食用。

烹饪时间
Times
123分钟

黑芝麻粥

◎烹饪方法: 煮　◎口味: 甜

原料

水发大米80克，黑芝麻20克

调料

白糖3克

做法

1. 备好电饭锅，倒入水发大米、黑芝麻、白糖、适量的清水，搅拌片刻。2. 盖上盖，按下"功能"键，调至"米粥"状态。3. 煲煮2小时，待时间到，按下"取消"键。4. 打开锅盖，搅拌片刻，盛粥装碗即可。

黑芝麻牛奶粥

◎烹饪方法：煮　◎口味：甜

 原料

黑芝麻粉15克，大米500克，牛奶200毫升

调料

白糖5克

烹饪时间
Times 34分钟

做法

1. 砂锅中注入清水，倒入大米，加盖，用大火煮开后转小火续煮30分钟至大米熟软。
2. 揭盖，倒入牛奶，拌匀，加盖，用小火续煮2分钟至入味。
3. 揭盖，倒入黑芝麻粉，加入白糖，拌匀，稍煮片刻。
4. 盛出煮好的粥，装在碗中即可。

制作指导：煮粥过程中记得要多搅拌几次，以免粘锅产生糊味影响粥的味道。

红豆

营养成分：蛋白质、脂肪、糖类、B族维生素、维生素A、叶酸、皂角苷、钾、铁、磷等。

主要功效

红豆富含铁质，有补血、促进血液循环、强化体力的效果，同时还有舒缓经痛、通乳下胎的效果，可改善产妇缺铁性贫血之症。此外，红豆中的皂角苷可刺激肠道，有良好的利尿作用，对产后水肿有一定的缓解作用。

食用建议

每餐30克左右为宜。红豆很难熟烂，烹饪前应该先将其浸泡5~8个小时。红豆久食或过量食用反而会津液竭而渴得更厉害，令人更生燥热。

红豆鲤鱼汤

◎烹饪方法：煮　　◎口味：鲜

原料

鲤鱼650克，水发红豆90克，姜片、葱段各少许

调料

盐、鸡粉各2克，料酒5毫升

做法

1.锅中注水烧热，倒入洗净的红豆，撒上少许姜片、葱段，放入处理好的鲤鱼，淋入料酒。2.盖上盖，烧开后用小火煮约30分钟，至食材熟透。3.揭盖，加入盐、鸡粉，拌匀调味，转中火略煮，至汤汁入味。4.盛出煮好的红豆鲤鱼汤，装入汤碗中即成。

烹饪时间
Times
34分钟

烹饪时间 Times 37分钟

红豆南瓜粥

◎烹饪方法：煮　◎口味：清淡

原料

水发红豆85克，水发大米100克，南瓜120克

做法

1.洗净去皮的南瓜切成丁。2.砂锅中注水烧开，倒入洗净的大米、红豆，搅匀。3.盖上盖，用小火煮30分钟，至食材软烂。4.揭开盖，倒入南瓜丁，拌匀。5.再盖上盖，用小火续煮5分钟，至全部食材熟透。6.揭开盖，搅拌一会儿，盛粥装碗即可。

红豆小麦粥

◎烹饪方法：煮　◎口味：淡

原料

小麦、红豆各60克，大米80克，鲜玉米粒90克

调料

盐2克

做法

1.洗净原料，将小麦、红豆、大米倒入砂锅中，加入适量清水。2.盖上盖，用大火煮开后转小火续煮20分钟至食材熟透。3.揭盖，倒入玉米粒，拌匀。4.盖上盖，续煮20分钟至玉米粒熟软。5.揭盖，加入盐，拌匀，盛粥装碗即可。

烹饪时间 Times 43分钟

黄豆

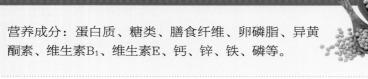

营养成分：蛋白质、糖类、膳食纤维、卵磷脂、异黄酮素、维生素B$_1$、维生素E、钙、锌、铁、磷等。

主要功效

黄豆有诸多保健功能，含丰富的铁，易吸收，可防止缺铁性贫血。黄豆脂肪富含不饱和脂肪酸、大豆磷脂，可以延缓衰老。黄豆中的异黄酮素是强抗氧化剂，可以降低女性乳腺癌、宫颈癌的发生几率。产妇可从黄豆中获得丰富的营养，增强体质，防治疾病，促进身体的复原。

食用建议

每天食用40克左右为宜。在食用黄豆时应将其煮熟、煮透，若黄豆半生不熟时食用，常会引起恶心、呕吐等症状。

烹饪时间
Times
40分钟

黄豆焖鸡肉

◎烹饪方法：焖　◎口味：鲜

原料

鸡肉300克，水发黄豆150克，葱段、姜片、蒜末各少许

调料

盐、鸡粉各4克，生抽4毫升，料酒5毫升，老抽少许，水淀粉、食用油各适量

做法

1.洗净的鸡肉斩块，装碗，用生抽、料酒、盐、鸡粉，适量水淀粉、食用油腌渍15分钟。2.鸡肉块油炸至呈金黄色，捞出装盘。3.倒入少许葱段、姜片、蒜末爆香，放入鸡肉块、生抽、少许老抽、料酒炒香。4.放入清水、洗净的黄豆、盐、鸡粉，煮至食材熟软，装盘。

黄豆焖茄丁

◎烹饪方法：焖　　◎口味：清淡

原料

茄子70克，水发黄豆100克，胡萝卜30克，圆椒15克

调料

盐2克，料酒4毫升，鸡粉2克，胡椒粉3克，芝麻油3毫升，食用油适量

做法

1. 洗好去皮的胡萝卜切成丁；洗净的圆椒切成丁；洗好的茄子切成丁。
2. 用油起锅，倒入胡萝卜、茄子炒匀，注入清水，倒入洗净的黄豆，拌匀，加入盐、料酒。
3. 盖上盖，烧开后用小火煮约15分钟。
4. 揭盖，倒入圆椒，拌匀。
5. 盖上盖，用中火焖5分钟至食材熟透。
6. 揭盖，加入鸡粉、胡椒粉、芝麻油，转大火收汁，盛菜装盘即可。

◎ 制作指导：切好的茄子若不立即使用，可以放入水中保存，能防止其氧化变黑。

豆腐

营养成分：蛋白质、脂肪、碳水化合物、烟酸、叶酸、维生素B_1、维生素B_6、铜、钙、锌、磷、铁、镁、钾等。

主要功效

豆腐是清补食品，常食可补中益气、清热润燥、生津止渴、清洁肠胃。豆腐的蛋白质含量高，不仅含有人体必需的8种氨基酸，而且其比例也接近人体需要。此外豆腐还富含植物雌激素、钙质，产妇食用可以补充营养、催生乳汁、防治骨质疏松、预防便秘、抑制乳腺癌等。

食用建议

每天80克为宜。豆腐与其他蔬菜搭配烹饪利于营养吸收。不要大量食用豆腐，摄入量过多会使体内生成的含氮废物增多，加重肾脏的负担。

烹饪时间
Times
7分钟

西芹烧豆腐

◎烹饪方法：焖　◎口味：清淡

原料

豆腐180克，西芹100克，胡萝卜片、蒜末、葱花各少许

调料

盐3克，鸡粉2克，老抽少许，生抽5毫升，水淀粉、食用油各适量

做法

1.洗净的西芹切段；洗好的豆腐切块。2.豆腐、胡萝卜片焯水，煮至食材断生后捞出。3.起油锅，放入少许蒜末爆香，倒入西芹、豆腐、胡萝卜片炒匀。4.加入清水、生抽、盐、鸡粉、老抽，煮至食材熟透。5.大火收汁，倒入适量水淀粉勾芡，装盘，撒上少许葱花。

豌豆苗烩豆腐

◎烹饪方法: 烩　◎口味: 鲜

原料

豆腐200克，豌豆苗180克，肉末90克，芹菜70克，蒜末少许

调料

盐3克，鸡粉、胡椒粉各少许，老抽3毫升，生抽5毫升，水淀粉、食用油各适量

做法

1.洗净的芹菜切粒；洗好的豆腐切块。
2.豆腐焯水，加盐煮半分钟，捞出待用。
3.用油起锅，放入肉末，炒散，淋上生抽提鲜，倒入洗净的豌豆苗，炒至其变软。
4.加入盐、少许鸡粉调味，注入清水，倒入豆腐，略炒，待汤汁沸腾，加入老抽、少许胡椒粉，续煮至食材入味。
5.倒入适量水淀粉，炒至汤汁收浓。
6.倒入芹菜粒炒匀，撒上少许蒜末，炒至断生，盛菜装盘即可。

◎ 制作指导: 烩菜需要汤汁来搭配，所以注入的水可适量多一些。

其它类

红糖

营养成分：糖类、氨基酸、叶酸、苹果酸、核黄素、胡萝卜素、烟酸、锰、锌、铬、铁等。

主要功效

红糖富含糖类及铁质，有益气补血、健脾暖胃、缓中止痛、活血化淤的作用，可以帮助减轻产后淤血导致的腰酸与小腹胀痛等不适症状，并促进子宫收缩与复原。

食用建议

每餐食用40克左右为宜。产妇食用红糖时间不宜过长，控制在10至12天为宜，而且一次不宜食用过多。

红糖黑米粥

◎烹饪方法：煮　◎口味：甜

原料

水发黑米100克

调料

红糖25克

做法

1.砂锅中注水烧开，倒入洗净的黑米，搅散、拌匀。2.盖上盖，烧开后转小火煮约50分钟，至米粒熟透。3.揭盖，撒上备好的红糖拌匀，用中火煮至红糖溶化，盛粥装碗即可。

烹饪时间
Times
56分钟

红糖小米粥

◎烹饪方法: 煮　◎口味: 甜

原 料

小米400克，红枣8克，花生10克，瓜子仁15克

调 料

红糖15克

做 法

1.砂锅中注水烧开，倒入小米、花生、瓜子仁，拌匀。2.盖上锅盖，大火煮开后转小火煮20分钟。3.掀开锅盖，倒入红枣，搅匀，盖上锅盖，续煮5分钟。4.掀开锅盖，加入红糖，持续搅拌片刻，盛粥装碗即可。

姜汁红糖豆浆

◎烹饪方法: 榨　◎口味: 甜

原 料

水发黑豆50克，姜汁55毫升

调 料

红糖8克

做 法

1.将已浸泡8小时的黑豆倒入碗中，加入清水，用手搓洗干净，再倒入滤网中沥干。2.把洗好的黑豆倒入豆浆机中，倒入姜汁，加入红糖，注入清水，至水位线即可。3.盖上豆浆机机头，选择"五谷"程序，再选择"开始"键，开始打浆。4.待豆浆机运转约15分钟，即成豆浆，断电后取下机头，把姜汁红糖豆浆倒入滤网，滤取豆浆，倒入杯中，用汤匙捞去浮沫即可。

生姜

营养成分：姜醇、姜烯、水芹烯、柠檬醛、芳樟醇、天门冬素、谷氨酸、天门冬氨酸、丝氨酸、甘氨酸、苏氨酸、丙氨酸等。

主要功效

生姜可刺激唾液、胃液和消化液的分泌，增加胃肠蠕动，增进食欲。生姜可以发热祛寒，可缓解产后气血亏损引起的体寒血瘀等症状，缓解疼痛，所以产妇的饮食中可加入适量的生姜，有利于身体复原。

食用建议

每餐用量不要超过10克。不要将生姜去皮，有些人吃姜喜欢削皮，这样做不能发挥姜的整体功效。

烹饪时间
Times
70分钟

猪脚姜

◎烹饪方法：煮　◎口味：咸

原料

猪蹄块220克，生鸡蛋2个，姜片少许

调料

盐3克，老抽3毫升，料酒6毫升，甜醋、食用油各适量

做法

1.锅中注水烧开，放入洗净的猪蹄块，汆煮一会儿，捞出待用。2.砂锅置旺火上，注入适量食用油，烧热后撒上少许姜片爆香，放入猪蹄块炒香，淋入料酒炒匀。3.倒入适量甜醋、清水、生鸡蛋、老抽、盐，搅匀。4.盖上盖，烧开后转小火煮约65分钟，至食材熟透。5.揭盖，轻轻搅拌几下，盛出装碗即可。

姜汁烧肉

◎烹饪方法：炒　◎口味：清淡

🐷 原 料

瘦肉片120克，包菜65克，胡萝卜50克，洋葱45克，姜末10克，熟白芝麻少许

🥄 调 料

盐、鸡粉各2克，白胡椒粉少许，蚝油6克，生抽、食用油各适量，米酒20毫升

✂ 做 法

1. 洗好的包菜切粗丝；洗净去皮的胡萝卜切丝；洗好的洋葱切粗丝。
2. 胡萝卜和包菜装碗，倒入凉开水浸泡。
3. 瘦肉片装碗，加入米酒、生抽、盐、鸡粉、少许白胡椒粉，拌匀，腌渍10分钟。
4. 起油锅，倒入瘦肉片、姜末爆香，加入蚝油、米酒炒香。
5. 放入洋葱，快炒至食材熟透。
6. 盛菜装盘，撒上少许熟白芝麻，倒入泡好的蔬菜，摆好盘即成。

① ② ③ ⑥

◎ 制作指导：泡蔬菜时可加入少许盐和白醋，食用时口感会更爽脆。

燕窝

营养成分：蛋白质、氨基酸、碳水化合物、钙、磷、铁、钠、钾等。

主要功效

燕窝营养丰富，其特有物质能修复人体的活细胞，能够养阴润燥、益气补中、治虚损。同时，燕窝能够养血并促进血液循环，增进胃的消化和肠道吸收力，还可以使皮肤光滑、富有弹性，所以，产妇食用燕窝对身体康复非常有利。

食用建议

食用量宜在3~10克。食用燕窝期间不要同时吃辛辣油腻或者酸性的食物，用药则要隔开1~2个小时。空腹食用燕窝效果更好。

烹饪时间
Times
4分钟

燕窝鸡丝

◎烹饪方法：煮　　◎口味：鲜

🍗 **原料**

熟鸡胸肉120克，熟火腿100克，燕窝少许，上汤适量

🥢 **调料**

盐、鸡粉各2克

🍴 **做法**

1.将熟火腿切成细丝；把熟鸡胸肉拍裂，撕成细丝。2.锅置于火上烧热，注入适量上汤，倒入鸡肉丝、火腿丝，拌匀，用大火煮约1分钟。3.倒入洗好的燕窝，加入盐、鸡粉调味。4.撇去浮沫，续煮3分钟至食材入味，盛出食材即可。

燕窝炖鸡爪

◎烹饪方法：蒸　　◎口味：鲜

🍄 **原 料**

鸡爪200克，水发燕窝30克，牛奶70毫升，枸杞少许

🧂 **调 料**

盐2克，水淀粉适量，料酒少许

🔪 **做 法**

1.洗好的鸡爪焯水，加少许料酒煮至断生，捞出装盘。2.锅中注水烧热，放入少许枸杞、盐、少许料酒拌匀，略煮一会儿，关火备用。3.取一蒸碗，放入鸡爪，盛入锅中的汤汁。4.蒸锅上火烧开，放入蒸碗，盖上盖，用中火蒸至食材熟透，取出蒸碗，将鸡爪放入大碗中。5.炒锅烧热，倒入蒸碗中的汤汁，注入牛奶，放入燕窝，略煮，倒入适量水淀粉勾芡，制成味汁，盛出，浇在鸡爪上即可。

燕窝四宝汤

◎烹饪方法：煮　　◎口味：清淡

🍄 **原 料**

板栗、水发竹荪各60克，水发莲子70克，腰果85克，水发燕窝少许

🧂 **调 料**

盐3克，鸡粉2克

🔪 **做 法**

1.洗好的竹荪切段，备用。2.砂锅中注水烧开，倒入洗净的板栗，盖上盖，用中火煮约10分钟。3.揭开盖，倒入洗净的莲子、腰果，盖上盖，用小火煮约20分钟。4.揭开盖，倒入竹荪，盖上盖，用小火续煮约5分钟至食材熟软。5.揭开盖，放入少许燕窝，盖上盖，用小火煮约2分钟。6.揭开盖，加入盐、鸡粉拌匀，煮至入味，盛汤装碗即可。

烹饪时间 Times 39分钟

当归

营养成分：氨基酸、挥发油、亚油酸、水溶性生物碱、蔗糖、维生素E、烟酸、棕榈酸、硬脂酸、维生素B_{12}等。

主要功效

当归具有很好的补血活血作用，能显著促进机体造血功能，升高红细胞、白细胞和血红蛋白含量，对于气血亏虚导致的面色不佳、产后淤血都有较好的疗效。它还可以有效地抑制皮肤黑色素的沉淀，起到美容祛斑的效果。所以，产妇没有出血情况之后，适当食用当归，不仅可以恢复健康，还可以美容养颜。

食用建议

每餐用量在10~40克为宜。当归一定要适量食用，不然很容易产生副作用。

烹饪时间
Times
65分钟

当归猪皮汤

◎烹饪方法：煮　　◎口味：鲜

原料

猪皮200克，桂圆肉25克，红枣20克，当归10克

调料

盐、鸡粉各少许

做法

1.洗净的猪皮切成粗丝。2.锅中注水烧开，倒入猪皮，拌匀，用大火煮约半分钟，捞出猪皮，沥干待用。3.砂锅中注水烧开，倒入猪皮，放入洗净的桂圆肉、红枣、当归，拌匀，使材料散开。4.盖上盖，煮沸后用小火煮约60分钟，至食材熟透。5.揭盖，加入少许鸡粉、盐，拌匀调味，略煮至汤汁入味，盛出装碗即可。

◎ 烹饪方法：炖　◎ 口味：鲜

当归炖猪腰

🔖 **原 料**

瘦肉100克，腰花80克，当归6片，红枣4克，枸杞4克，姜片2片

🍶 **调 料**

盐2克

烹饪时间
Times
122分钟

🥄 **做 法**

1. 取出电饭锅，打开盖子，倒入洗净的瘦肉、腰花、当归、红枣、枸杞、姜片。
2. 加入适量清水至没过食材，搅拌均匀。
3. 盖上盖子，按下"功能"键，调至"靓汤"状态，煮2小时至汤味浓郁。
4. 按下"取消"键，打开盖子，加入盐，搅匀调味，盛汤装碗即可。

◎ **制作指导**：煮汤前加点料酒，去腥效果更佳。

慎吃这些，
产后养身要注意

Part 3

　　产后是整个妊娠过程结束阶段，产妇由于分娩时带来的创伤和出血，损耗了不少的元气，在饮食上稍有不注意就会引起疾病，故要特别注意饮食的禁忌。

　　本章主要介绍产后忌吃的食物，希望新妈妈们为了自己和宝宝的健康忍一忍，尽量不要吃这些忌吃的食物。

慎吃的素菜类

◎空心菜

空心菜属于性寒、滑利的食物，因此体质虚弱、脾胃虚寒、腹泻的人不宜多食。

另外，产妇下奶流失了很多的钙，如果不注意补钙，养护骨骼，很容易提早发生骨质疏松。空心菜虽含钙丰富，但含草酸也较高，产妇吃空心菜易形成草酸钙沉淀，影响钙的吸收，所以要慎吃。

◎蕨菜

蕨菜中含有一种名为"原蕨苷"的物质，长期大量食用，容易对身体造成损害，同时也会增加食道癌的发生率。蕨菜中原蕨苷能与氨基酸反应，可能会破坏遗传物质DNA。

新鲜的蕨菜又苦又涩，大部分人吃前一般要把新鲜蕨菜用草木灰、碱水或焯水等方法进行处理，这样的处理能降低原蕨苷的含量，但无法彻底消除。产妇产后体虚，尽量不要吃蕨菜，以免伤害身体。

◎韭菜

韭菜辛辣，产妇不宜吃辛辣之物，所以还是少吃为好。如果是需要喂乳的产妇则更要忌吃，因为韭菜是回奶之物，吃了影响宝宝的吸乳量。

另外，产妇体质较为虚弱，而韭菜含粗纤维比较多，吃太多不易消化，食用太多韭菜会有大量粗纤维刺激肠壁，有诱发腹泻的可能。

◎苦瓜

　　虽然吃苦瓜对于人体健康很有好处，但对于产后虚弱的产妇来说，最好不要吃苦瓜，以免使身体受到伤害。

　　产妇在坐月子期间，进食过量苦味食品可能会引起恶心、呕吐等症状。苦瓜性凉，多食易伤脾胃，所以产后虚弱的产妇一定要控制好苦瓜的进食量。

　　哺乳期不要吃性寒的苦瓜，因为宝宝的胃肠发育不完善，妈妈吃苦瓜容易导致宝宝大便稀薄和腹泻。

◎马蹄

　　马蹄性甘味寒，入肺、胃三经，有清心泻火、润肺凉肝、消食化痰、利尿明目之功效，但马蹄因生长在泥中，外皮和内部都有可能附着较多的细菌和寄生虫，所以产妇吃会有一定的风险。

　　马蹄属于生冷食物，对脾肾虚寒和有血淤的产妇来说不太适合，产妇在分娩后身体相当脆弱，身体的各项器官都发生着变化，最好吃性平的食物，以免损伤体内正气。

◎菱角

　　生菱角容易寄生姜片虫，可引起消化道及全身症状，如腹痛、腹胀、腹泻等，重者可发生贫血、浮肿等。

　　菱角性凉，胃寒脾弱者食用过多会伤胃。女性在坐月子的时候对食物选择一定要谨慎，食物选择不正确，不仅会损害自己的身体，同时会导致胎儿身体不适，因此最好不要吃菱角。

慎吃的水果类

◎西瓜

西瓜属凉性，易引起腹痛、腹泻，坐月子期间，产妇身体虚弱，最好不要吃西瓜。

西瓜若与温热的食物同吃，则寒热两不调和，容易造成胃部损伤。

另外，有些宝宝的肠胃比较敏感，妈妈吃性凉的东西就可能影响到宝宝，使宝宝拉肚子，甚至出现更严重的不适反应，所以产妇尽量不要吃西瓜。

◎柿子

柿子中的鞣酸能与食物中的钙、锌、镁、铁等矿物质形成不能被人体吸收的化合物，使这些营养素不能被利用，多吃柿子容易导致这些矿物质缺乏，不利于产后健康的恢复。

柿子有清热去燥、润肺化痰、软坚、止渴生津、健脾的作用，但是柿子味甘性寒，不适合产妇食用，特别是气虚、体弱的产妇更不能吃。

◎山楂

山楂中的鞣酸与胃酸结合容易形成胃石，很难消化掉，如果胃石长时间消化不掉很可能会引起胃溃疡、胃出血甚至胃穿孔。

产后身体虚弱，需要食用滋补的食物使身体恢复健康，但山楂只消不补，容易损伤身体正气，使产妇本就虚弱的身体更加虚弱。

◎杏

民间流传有"杏伤人"的说法，杏热性大，吃多以后容易出现烦心、胃酸过多、流鼻血、拉肚子的现象。另外，杏比较酸，吃多了还会"倒牙"。

产妇身体虚弱，过量食用会伤及筋骨，影响视力，还极易长疮生疖，所以产妇不宜吃杏。

◎乌梅

产后身体气血亏虚，应多食用温补食物，以利气血恢复。若产后进食生冷的乌梅，会不利气血的充实，容易导致脾胃消化吸收功能障碍。

另外，乌梅属于酸涩收敛的食品，产妇食用乌梅不利恶露的排出。

◎榴莲

产妇坐月子期间最好不要吃榴莲，榴莲是热性的水果，吃了容易上火，且榴莲富含纤维素，在肠胃中会吸水膨胀，产妇吃过多榴莲会阻塞肠道，引起便秘，加重身体负担，特别是原患有便秘和痔疮的产妇更不宜吃榴莲。

如果要哺乳的话，吃榴莲对宝宝也不好，可能会导致宝宝上火。

慎吃的调料类

◎朝天椒

　　产妇尽量少吃或不吃朝天椒，产妇生了孩子本来就容易得痔疮，朝天椒的剧烈刺激会让产妇体内热盛，增加痔疮的发病率。

　　产妇在产后一周内，吃朝天椒不但使自己"上火"，出现大便秘结等症状，而且还会影响婴儿，使婴儿内热加重。

◎芥末

　　产妇的饮食需要清淡，不能吃太过于辛辣的食物，芥末属于辛辣刺激物，产妇食用芥末容易上火，耗损阴液，加重燥热，导致产后便秘发生的概率增加。

　　另外，芥末能刺激胃粘膜产生更多胃酸，从而使人感觉饥饿、胃口大开，所以产后肥胖者更不宜吃芥末。

◎味精

　　味精的主要成分是谷氨酸钠，血液中的锌与之结合后从尿中排出。味精食入过多会消耗大量的锌，导致产妇体内缺锌。尤其母乳喂养的产妇，更不宜吃味精，因为锌是胎儿生长发育的重要微量元素，产妇吃味精可能会造成宝宝缺锌。

慎吃的禽肉类

◎猪心

　　如今很多猪是工业原料喂养加上激素催熟后的产物，内脏中会沉积很多有害物质，产妇食用后对身体不利。

　　猪心甘凉，胆固醇含量很高，产妇食用后容易使体内胆固醇升高，同时影响奶水的分泌，故因慎食。

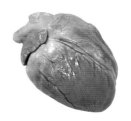

◎牛心

　　牛心有很高的营养价值，但胆固醇比较高，产妇食用过高胆固醇食物不仅会影响自己的胃口，同时容易使身材走形，且乳汁中胆固醇含量会增加，使新生宝宝体内胆固醇含量升高。

　　另外，牛心含有一定量的有毒物质，为了自己及宝宝的健康，尽量少吃牛心。

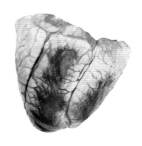

◎老母鸡

　　老母鸡大补，大补即大热，产妇体质虚弱，这时进补过度会造成便秘。

　　另外，母鸡的卵巢中含有一定数量的雌激素，而且母鸡越老雌激素含量越高，食用老母鸡会使产妇血液中的雌激素水平上升，抑制催乳素发挥泌乳作用，造成产妇乳汁不足甚至无奶。

慎吃的水产类

◎螃蟹

螃蟹属于寒性食物，多食会引起腹痛、腹泻，且坐月子的时候凉性食物最好不要吃，因为产妇如果吃了过多的螃蟹容易引发肠胃不适，使脾功能受损，给身体造成负担的同时也会影响宝宝健康。

◎田螺

产后身体气血亏虚，应多食用温补食物，以利气血恢复。若产后进食生冷或寒凉食物，会不利气血的充实，容易导致脾胃消化吸收功能障碍，并且不利于恶露的排出和瘀血的去除。

田螺里的寄生虫很多，很难处理特别干净，产妇抵抗力较差，最好不要吃。

◎河蚌

河蚌中有很多寄生虫，稍微处理不干净很容易使肠胃受损，导致腹泻，而且河蚌是寒性的，吃多了影响奶水的分泌，威胁宝宝的身体健康，所以产妇最好不吃。

慎吃的中药类

◎人参

产后不宜立即服用人参，人参中含有能作用于中枢神经系统、心脏和血管的一种成分——人参皂苷，使用后，能产生兴奋作用，往往出现失眠、烦躁、心神不宁等一系列症状，使产妇不能很好地休息，反而影响了产后的恢复。

人参是一种补元气的药物，服用过多，可加速血液循环，这对于刚刚分娩的妇女不利。分娩的过程中，内外生殖器的血管多有损伤，若服用人参，不仅妨碍受损血管的自行愈合，而且还会加重出血。

◎鹿茸

鹿茸可养血壮阳，但产妇在产后容易阴虚亏损、阴血不足、阳气偏旺，如果服用鹿茸会导致阳气更旺，阴气更损，造成血不循经等阴道不规则流血症状。因此，产妇不宜服用鹿茸。

◎莲子

产妇产后身体气血亏虚，应多食用温补食品，少食寒凉生冷食物，以利气血恢复。而莲子性寒，不易消化，这对脾胃功能较差的产妇（特别是分娩后7~10天内的产妇）来说，是一个负担，很可能引起消化功能不良，因此，产妇不宜过多食用莲子。

◎蒲公英

蒲公英是清热解毒的常用药物，性偏寒，产妇尽量少吃，因为很有可能导致腹痛、腹泻、脾胃虚弱等不适症状。

蒲公英毕竟是药物，会给人体造成一定的负担，有些人服用蒲公英煎剂、蒲公英酒浸剂后，甚至会出现荨麻疹、全身瘙痒等过敏反应，所以产妇要特别注意避免食用蒲公英，以免对自身和宝宝的身体造成伤害。

◎薄荷

产妇忌食辛辣凉性等刺激性强的食物，而薄荷性凉，刺激性大，产后食用不仅影响身体恢复，还会致使乳汁分泌减少，无法满足宝宝营养需要，不利于宝宝的身体发育。建议产妇饮食应以温补为主，不要食用凉性等刺激性强的食物。

◎麦芽

麦芽具有行气消食、健脾开胃、回乳消胀的功效，常用于食积不消、脘腹胀痛、脾虚食少、乳汁郁积、妇女断乳等。产后要给宝宝喂奶，这个时候最好不要吃麦芽，因为麦芽会抑制乳汁的分泌，使乳汁减少，对宝宝健康不利。

另外，麦芽含有过多的淀粉，吃多了容易导致肥胖，产后尽量不要吃麦芽。

慎喝的饮品类

◎浓茶

　　产妇不宜喝浓茶，因为茶叶中含有的鞣酸会影响肠道对铁的吸收，容易引起产后贫血，进而影响乳腺的血液循环，抑制乳汁的分泌，造成奶水分泌不足。

　　另外，茶水中还含有咖啡因，产妇饮用后不仅难以入睡，影响体力恢复，咖啡因还可通过乳汁进入婴儿的身体内，间接影响婴儿，导致婴儿发生肠痉挛或无故啼哭。

◎咖啡

　　咖啡中含有咖啡因，容易使神经中枢系统兴奋。在产妇哺乳期间，这些物质会通过乳汁到达宝宝体内，对宝宝的成长不利。

　　咖啡主要对中枢神经系统产生作用，会刺激心脏肌肉收缩，加速心跳及呼吸，会使产妇出现头疼症状。

◎冷饮

　　由于产后哺乳期妈妈的胃肠功能较弱，吃过多的生冷食物后容易使胃肠血管突然收缩，胃液分泌减少，消化功能降低，出现腹痛、腹泻等症状。

　　产后哺乳期不要过多喝冷饮，因为会通过乳汁影响到宝宝，抵抗力弱的宝宝难以适应乳汁的变化，就很容易发生腹泻。尤其在宝宝已经拉肚子了或是胃肠不好的时候，产妇就更不应该喝冷饮。

慎吃的其他类

◎巧克力

巧克力中含有大量的高度饱和脂肪，甚至反式脂肪酸，产妇食用后对健康不利。产妇在产后需要给新生儿喂奶，过多食用巧克力，对婴儿的发育会产生不良的影响。

因巧克力所含的可可碱会进入母乳被婴儿吸收，可能损伤神经系统和心脏，并使肌肉松弛，排尿量增加，会使婴儿消化不良、睡眠不稳、哭闹不停。

◎奶油

奶油的能量和脂肪酸含量很高，不适合产后马上吃，因为产妇在分娩过程中消耗过多的体力，分娩后又要哺乳，胃肠道尚未完全恢复，此时应该吃一些容易消化的流质或半流质食物，而奶油过于油腻，产妇过多食用可能会降低食欲，引起消化不良。

◎腌制品

腌制品中的盐分往往过高，它会使体内驻留更多的水分，容易导致产妇身体水肿。

某些腌制品亚硝酸盐过高，亚硝酸盐不仅本身有毒性，而且可能和蛋白质食品中的胺类物质合成致癌性较强的"亚硝胺"，严重影响产妇和宝宝的身体健康。

◎油条

　　油条中含有大量的反式脂肪酸、膨松剂及其他有害物质，反式脂肪酸进入人体后，在体内代谢、转化，可以干扰必需脂肪酸和其他物质的正常代谢，增加患心血管疾病的危险，导致患糖尿病的危险增加，导致必需脂肪酸缺乏，甚至抑制婴幼儿的生长发育。

◎方便面

　　方便面容易造成人体内的营养缺失，一般人都不宜吃方便面，而产妇的正常生命活动需要蛋白质、脂肪、碳水化合物、矿物质、维生素和水，吃方便面远远满足不了产妇每天所需要的营养量，因此，产妇不宜吃方便面。

　　另一方面，方便面大多是油炸，且含有防腐剂，多吃对人体的健康会有损害，还很有可能导致产妇便秘，所以尽可能少吃或不吃。

◎绿豆

　　绿豆性凉，因此体质比较弱的产妇最好不要食用绿豆，容易导致腹泻或消化不良，尤其是母乳喂养时，妈妈生病对奶水也不好。且绿豆不易消化，体质比较弱的产妇食用绿豆容易产生胃胀气，影响食欲，易导致产后食欲不振。

对症调养，
减轻产后不适

Part 4

经过痛苦的分娩，新妈妈终于结束了艰难的十月怀胎，但此时仍不能松懈，新一波的考验接踵而来，产后的调理对新妈妈来说也是重中之重。

本章主要介绍产后易出现的病症，且不同的病症配有相应的对症食谱，根据体质的不同，新妈妈可能会出现这样或那样的不适，希望本章能帮助新妈妈避免这些产后病症。

产后出血

胎儿娩出后24小时内出血量超过500ml称为产后出血，80%发生在产后2小时内。产后出血的发病原因可能是子宫收缩乏力、软产道裂伤及凝血功能障碍等。

饮食调养

1.饮食应以清淡、易消化、富于营养为宜，平常可多吃蛋白质含量高的食物及各种蔬菜水果等。

2.多吃含维生素K的食物，维生素K可以控制血液凝结，如菜花、油菜、鸭血、红枣和鸭肝等，在一定程度上避免产后出血不止。

预防护理

1.对于有产后出血、滞产、难产史以及有贫血、产前出血、妊高症、胎儿较大、双胎或羊水过多等情况，应积极做好防治产后出血的准备工作。

2.积极纠正贫血，治疗基础疾病，充分认识产后出血的高危因素，高危孕妇应于分娩前转诊到有输血和抢救条件的医院。

红枣莲藕炖排骨

◎烹饪方法：炖　◎口味：鲜

原料

排骨段500克，莲藕80克，红枣、黑枣各25克，姜片20克

调料

盐3克，鸡粉、胡椒粉各少许，料酒12毫升

做法

1.洗净去皮的莲藕切丁。2.锅中注水烧热，倒入洗净的排骨段，淋料酒余煮半分钟，捞出。3.砂锅中注水烧开，倒入排骨段、姜片、莲藕丁，再倒入洗净的黑枣、红枣，淋入料酒提味，煮沸后用小火炖煮60分钟。4.加入盐、少许鸡粉、胡椒粉调味，盛出即成。

烹饪时间 Times 62分钟

海参养血汤

◎烹饪方法: 煮　　◎口味: 鲜

烹饪时间
Times
92分钟

🍲 原　料

猪骨450克，红枣15克，花生米20克，海参200克

🍶 调　料

盐、鸡粉2克，料酒适量

🥄 做　法

1.锅中水烧开，倒入猪骨、适量料酒略煮一会儿。

2.捞出氽煮好的猪骨，装入盘中备用。

3.砂锅中注入适量清水烧开，倒入备好的花生米、红枣，放入氽过水的猪骨，加入切好的海参。

4.盖上盖，用大火烧开后转小火煮90分钟，至食材熟透。

5.揭盖，淋入适量料酒，再盖上盖。

6.揭盖，放入盐、鸡粉，拌匀，关火后盛出煮好的汤料，装入碗中即可。

◎ **制作指导**: 猪骨氽一下水，可以去除腥味，使汤汁的口感更佳。

鸭血鲫鱼汤

◎烹饪方法：煮 ◎口味：鲜

🟢 原 料

鲫鱼400克，鸭血150克，姜末、葱花各少许

🟡 调 料

盐2克，鸡粉2克，水淀粉4毫升，食用油适量

烹饪时间
Times
6分钟

✏️ 做 法

1.将处理干净的鲫鱼剖开，切去鱼头，去除鱼骨，片下鱼肉，装入碗中，备用；把鸭血切成片。

2.在鱼肉中加入盐、鸡粉，拌匀，淋入水淀粉，搅拌匀，腌渍片刻，备用。

3.锅中注入适量清水烧开，加入盐，倒入少许姜末，放入鸭血，拌匀，加入适量食用油，搅拌匀。

4.放入腌好的鱼肉，煮至熟透，撇去浮沫，关火后把煮好的汤料盛出，装入碗中，撒上少许葱花即可。

❶

❷

❸

❹

🔵 制作指导：腌渍鲫鱼肉时，可以加适量牛奶，不仅可除腥味，还能增加鲜味。

阿胶乌鸡汤

◎烹饪方法：煮　◎口味：鲜

烹饪时间 Times 46分钟

原料

乌鸡肉500克，阿胶15克，当归12克，甘草12克，姜片20克

调料

盐1克，鸡粉1克，料酒10毫升

做法

1.锅中注水烧开，倒入乌鸡肉搅匀，煮至沸腾，氽去血水，捞出，沥干水分，备用。
2.砂锅中注入适量清水烧开，倒入氽过水的乌鸡肉，放入姜片，加入洗净的当归、甘草，淋入料酒。3.盖上盖子，烧开后用小火煮40分钟，揭盖，放入阿胶，盖上盖子，用小火续煮5分钟至阿胶溶化。4.揭盖，放入盐、鸡粉，搅拌均匀，盛出即可。

鱼胶白菜卷

◎烹饪方法：蒸　◎口味：鲜

原料

草鱼200克，白菜叶70克，红椒末、姜末、葱花各少许，高汤75毫升

调料

盐3克，鸡粉2克，料酒3毫升，水淀粉、食用油各适量

做法

1.草鱼取肉剁成泥状，装碗，加部分红椒末，少许姜末、葱花、盐、鸡粉、料酒、食用油、水淀粉拌匀，腌渍10分钟，制成馅料。2.白菜叶加盐焯水捞出。3.白菜叶上放入馅料，卷成卷儿，装蒸盘中，入蒸锅蒸15分钟取出。4.锅烧热，倒入高汤，加盐、鸡粉、适量水淀粉、余下的红椒末，少许姜末、葱花调成味汁，盛出，浇在盘中。

烹饪时间 Times 28分钟

产后发热

产后发热是指产褥期内，出现发热持续不退或突然高热寒战，并伴有其他症状，类似于西医的产褥感染。

饮食调养

1.产后发热病人宜选择清淡而易于消化的流质或半流质食物，以补充消耗的水分，如汤汁、果汁、稀粥等。

2.宜吃具有清热、生津、养阴作用的食品；宜吃富含维生素及纤维素的蔬菜瓜果。在发热期间或热病后期，还宜食用大米粥汤、苹果、草莓、旱芹、水芹。

预防护理

1.加强孕期保健，注意均衡营养，增强体质。

2.加强孕期卫生，临产前两个月避免性生活及盆浴。及时治疗外阴阴道炎及宫颈炎等慢性疾病及并发症。

3.暑天新妈妈汗多，应及时补充体液，居室要开窗，让空气流通，不可包头裹足。

烹饪时间
Times
13分钟

芦荟炒鸡丁

◎烹饪方法：炒　　◎口味：鲜

原料

芦荟70克，鸡胸肉100克，红椒12克，姜末、蒜末、葱末各少许

调料

盐2克，鸡粉2克，料酒2毫升，水淀粉3毫升，食用油适量

做法

1.洗好的芦荟、红椒切小块；洗好的鸡胸肉切丁。2.鸡肉丁装碗，放入盐、鸡粉、水淀粉、食用油腌渍10分钟，入油锅滑油至变色捞出。3.姜末、蒜末、葱末入油锅爆香，倒入芦荟、红椒炒匀，将鸡肉丁倒入锅中拌匀。4.淋入料酒，加鸡粉、盐炒至入味，倒入水淀粉炒匀，盛出即可。

烹饪时间 Times 3分钟

西红柿猪肚汤

◎烹饪方法：煮　◎口味：鲜

原料

西红柿150克，猪肚130克，姜丝、葱花各少许

调料

盐2克，鸡粉2克，料酒5毫升，胡椒粉、食用油各适量

做法

1.洗净的西红柿对半切开，切成小块，备用；处理干净的猪肚用斜刀切成块。2.炒锅中倒入适量食用油，放入少许姜丝，爆香，放入切好的猪肚，翻炒片刻，淋入料酒，炒匀去腥。3.放入切好的西红柿，炒匀，倒入适量清水，盖上锅盖，用大火煮2分钟，至食材熟透。4.揭开锅盖，放入盐、鸡粉、适量胡椒粉，搅匀调味，关火后盛出煮好的汤料，装入碗中，撒上少许葱花即可。

瓦罐莲藕汤

◎烹饪方法：煮　◎口味：鲜

原料

排骨350克，莲藕200克，姜片20克

调料

料酒8毫升，盐2克，鸡粉2克，胡椒粉适量

做法

1.洗净去皮的莲藕切丁。2.砂锅中注水烧开，倒入排骨，加料酒，氽去血水，捞出，沥干水分。3.瓦罐中注水烧开，放入排骨，煮至沸腾，倒入姜片，盖上盖，烧开后用小火煮20分钟，至排骨五成熟。4.倒入莲藕搅匀，用小火续煮20分钟，揭盖，放入鸡粉、盐，加适量胡椒粉，用勺拌匀调味，撇去汤中浮沫，关火后盖上盖焖一会儿，将瓦罐从灶上取下即可。

烹饪时间 Times 42分钟

芦荟花生粥

◎烹饪方法：煮　◎口味：清淡

烹饪时间 Times 37分钟

原料

水发大米100克，花生米45克，芦荟60克

做法

1.将洗净的芦荟切开，取果肉，再切小块，备用。2.砂锅中注水烧热，倒入洗净的大米。3.放入洗好的花生米，加入切好的芦荟，搅拌匀。4.盖上盖，烧开后用小火煮约35分钟，揭盖，搅拌几下，盛出即可。

丝瓜排骨粥

◎烹饪方法：煮　◎口味：鲜

原料

猪骨200克，丝瓜100克，虾仁15克，大米200克，水发香菇5克，姜片少许

调料

料酒8毫升，盐2克，鸡粉2克，胡椒粉2克

做法

1.洗净去皮的丝瓜切滚刀块；洗好的香菇切丁。2.锅中注清水烧开，倒入洗净的猪骨搅拌匀，淋入料酒，余去血水捞出，沥干水分。3.砂锅中注水，大火烧热，倒入猪骨、少许姜片、大米、香菇搅匀，烧开后转中火煮45分钟，倒入虾仁，搅匀，续煮15分钟。4.倒入丝瓜，煮至食材熟软，加盐、鸡粉、胡椒粉，搅拌均匀，盛出，装入碗中即可。

烹饪时间 Times 65分钟

丝瓜竹叶粥

◎烹饪方法: 煮　　◎口味: 清淡

🕐 **Times 92分钟**

原 料

大米100克，薏米100克，竹叶少许，丝瓜
30克

做 法

1.洗净去皮的丝瓜切滚刀块，待用。

2.砂锅中注入适量清水烧热，倒入少许备
好的竹叶。

3.盖上锅盖，煮开后转小火煮30分钟，揭
开锅盖，将竹叶捞干净。

4.倒入备好的大米、薏米，搅拌均匀。

5.再盖上锅盖，煮开后转小火煮1小时至
食材熟透。

6.揭开锅盖，倒入丝瓜，略煮一会儿至其
熟软，关火后将煮好的粥盛出，装入碗中
即可。

◎ **制作指导**: 丝瓜易熟，因此不能煮
太久，以免影响口感。

产后虚弱

分娩时失血过多、用力、疼痛、创伤，都会导致新妈妈气、血、津液的耗损，就算平时体质再好也会感到从未有过的虚弱。

饮食调养

1.适当补充蛋白质，增强体质。可以多吃鸡肉、牛肉等。
2.注意补充体内津液，多喝汤和稀粥。
3.平衡营养，不偏食，肉类、蔬菜、水果都应适量食用。

预防护理

1.产妇吃、喝的食品一定要新鲜、清淡一点，要花样翻新、营养丰富，使产妇有良好的胃口。
2.提前做好亲戚、朋友的思想工作，产后别走马灯似的来探望，应该让产妇充分休息，减少体力消耗，同时减少病菌、病毒感染机会。

烹饪时间
Times
23分钟

麻油鸡块

◎烹饪方法：焖　　◎口味：鲜

原料
鸡腿350克，姜片50克

调料
盐3克，鸡粉2克，生粉8克，生抽、米酒、水淀粉、黑芝麻油、食用油各适量

做法
1.洗净的鸡腿切小块，装碗，放盐、生抽、鸡粉、生粉、食用油拌匀，腌渍15分钟。2.烧热炒锅，倒入黑芝麻油烧热，下入姜片爆香，放入鸡块炒匀。3.淋入米酒、生抽提鲜，加清水煮沸，转小火焖煮5分钟。4.用大火翻炒至汤汁收浓，倒入适量水淀粉勾芡，关火后盛出焖煮好的鸡块即成。

杜仲猪腰

◎烹饪方法: 煮　◎口味: 鲜

烹饪时间
Times
3分钟

🍄 原 料

杜仲10克，猪腰200克，姜片、葱段各少许

🥄 调 料

料酒16毫升，盐2克，鸡粉2克，生抽4毫升，水淀粉4毫升，食用油适量

🔪 做 法

1.砂锅中注入清水，加入洗净的杜仲，煮至沸腾，揭开盖，滤出药汁，待用。

2.锅中注水烧开，倒入处理好的猪腰，淋入料酒，氽去血水，捞出，沥干水分。

3.用油起锅，放入少许姜片，爆香，倒入氽过水的猪腰，略炒片刻。

4.淋入料酒提味，倒入煮好的药汁混匀。

5.放入盐、鸡粉，淋入生抽，炒匀调味。

6.加入水淀粉，用勺搅拌片刻，关火后盛出，撒上少许葱段即可。

◎ **制作指导**: 氽煮猪腰时还可以加入适量白醋，能有效去除其腥味。

枸杞羊肉汤

◎烹饪方法: 煮　◎口味: 鲜

烹饪时间 Times 46分钟

🌿 原料

羊肉300克, 枸杞5克, 姜片、葱段各少许

🥄 调料

盐2克, 鸡粉2克, 生抽3毫升, 料酒10毫升

🍴 做法

1.锅中注水烧开, 倒入洗好的羊肉, 淋入料酒, 汆去杂质, 将羊肉捞出, 沥干水分。2.砂锅中注水烧热, 倒入羊肉, 少许姜片、葱段, 淋入料酒, 烧开后转中火煮约35分钟。3.揭开锅盖, 倒入枸杞, 加入盐、鸡粉、生抽。4.续煮10分钟, 搅拌均匀, 至食材入味, 关火后将煮好的汤料盛出即可。

鲍鱼海底椰玉竹煲鸡

◎烹饪方法: 煮　◎口味: 鲜

🌿 原料

鲍鱼1个, 海底椰10克, 玉竹6克, 蜜枣5克, 鸡肉块250克, 姜片少许

🥄 调料

盐2克

🍴 做法

1.锅中注入适量清水烧开, 倒入鸡肉块, 汆煮片刻, 关火后捞出汆煮好的鸡肉块, 沥干水分, 装盘备用。2.砂锅中注入适量清水, 倒入鸡肉块、玉竹、海底椰、鲍鱼、蜜枣、少许姜片, 拌匀。3.加盖, 大火煮开转小火煮3小时至食材熟透, 揭盖, 加入盐, 稍稍搅拌至入味。4.关火, 盛出烹煮好的菜肴, 装入碗中即可。

烹饪时间 Times 182分钟

花生鲫鱼汤

◎烹饪方法：煮 ◎口味：鲜

🌀 原 料

鲫鱼250克，花生
米120克，姜片、
葱段各少许

🥄 调 料

盐2克，食用油适量

烹饪时间
Times
27分钟

🍳 做 法

1.用油起锅，放入处理好的鲫鱼，用小火煎至两面断生。

2.注入适量清水，放入少许姜片、葱段，花生米。

3.盖上盖，烧开后用小火煮约25分钟至熟。

4.揭开盖，加入盐，拌匀，煮至食材入味，关火后盛出煮好的汤料即可。

❶ ❷ ❸ ❹

🔵 制作指导：将花生米泡发后再煮，更容易煮熟。

产后水肿

产后水肿是指女性产后面目或四肢水肿。一方面是因为子宫变大，影响血液循环而引起水肿，另外受到黄体酮的影响，身体代谢水分的状况变差，身体会出现水肿。

饮食调养

1.水肿时要吃清淡的食物，不要吃过咸的食物，尤其不要吃咸菜和酱类，以防止水肿加重。

2.食用具有利尿功效的食物，比如冬瓜、南瓜、芹菜、鲫鱼等。

预防护理

1.食物不能太咸，以清淡为宜，少食多餐等习惯都有助于预防产后水肿。

2.产后水肿通过出汗可以消肿，所以需要产妇保持身体温暖。

3.哺乳期进行适当运动，这样可促进全身血液循环，增加母乳量，对产后消肿也有很好的效果。

烹饪时间
Times
2分钟

西兰花炒鸡脆骨

◎烹饪方法：炒　　◎口味：鲜

原料

鸡脆骨200克，西兰花350克，大葱25克，红椒15克

调料

盐、鸡粉各3克，料酒、生抽、老抽、蚝油、水淀粉、食用油各适量

做法

1.原料洗净，西兰花切小朵；大葱切段；红椒切块。2.水烧开，加盐、料酒，倒入鸡脆骨氽水捞出，沸水中加食用油，倒入西兰花煮1分钟捞出。3.红椒、大葱入油锅爆香，放入鸡脆骨，淋入生抽、老抽、料酒炒香。4.加蚝油、盐、鸡粉调味，用水淀粉勾芡，盛入摆有西兰花的盘中即可。

陈皮炒河虾

◎烹饪方法：炒　◎口味：鲜

🍄 **原料**

水发陈皮3克，高汤250毫升，河虾80克，姜末、葱花各少许

🥣 **调料**

盐2克，鸡粉3克，胡椒粉、食用油各适量

⏱ 烹饪时间 Times 3分钟

✏ **做法**

1. 洗好的陈皮切丝，再切成末，备用。
2. 用油起锅，放入备好的河虾、少许姜末、陈皮，炒匀，倒入高汤，拌匀。
3. 放入盐、鸡粉、适量胡椒粉，拌匀。
4. 倒入少许葱花，炒匀，关火后盛出炒好的菜肴，装盘即可。

◎ **制作指导**：炒河虾不宜太久，以免炒老了影响口感。

香菇扒油麦菜

◎烹饪方法：炒　◎口味：清淡

烹饪时间 Times 2分钟

🐓 **原料**

油麦菜200克，香菇40克，蒜末少许

🥣 **调料**

盐3克，鸡粉2克，蚝油6克，生抽2毫升，料酒4毫升，水淀粉、食用油各适量

🍳 **做法**

1.洗净的香菇切片。2.水烧开，加食用油、盐，倒入洗净的油麦菜煮半分钟，捞出，沸水锅中倒入香菇片，煮1分钟捞出。3.用油起锅，放入少许蒜末，爆香，倒入香菇片，淋入料酒炒匀，放入蚝油、生抽，注入清水炒匀。4.加入盐、鸡粉调味，用大火煮一会儿，倒入适量水淀粉勾芡，取一个干净的盘子，摆放好油麦菜，盛入锅中的食材，摆好盘即成。

陈皮炖鸡

◎烹饪方法：炖　◎口味：鲜

🐓 **原料**

鸡肉块320克，陈皮10克，姜片、葱段各少许

🥣 **调料**

盐、鸡粉各2克，生抽4毫升，料酒10毫升

🍳 **做法**

1.锅中注入清水烧开，倒入洗净的鸡肉块，搅匀，淋入料酒，汆去血水，撇去浮沫，捞出鸡肉块，沥干水分，装盘待用。2.砂锅中注入清水烧热，放入陈皮，少许姜片、葱段，用大火略煮一会儿，倒入鸡肉块，加入料酒。3.盖上盖，烧开后用小火炖煮20分钟，揭开盖，加入盐、生抽，拌匀。4.再盖上盖，用小火炖煮20分钟，揭开盖，加入鸡粉调味，盛出即可。

烹饪时间 Times 41分钟

Times 73分钟

芹菜鲫鱼汤

◎烹饪方法: 煮　　◎口味: 鲜

原　料

芹菜60克，鲫鱼160克，砂仁8克，制香附10克，姜片少许

调　料

盐、鸡粉、胡椒粉各1克，料酒5毫升，食用油适量

做　法

1.洗净的芹菜切段；洗好的鲫鱼两面各切上一字花刀。2.用油起锅，放入鲫鱼，稍煎2分钟至表面微黄，放入少许姜片爆香，淋入料酒，注入适量清水，倒入砂仁、制香附，将食材搅匀。3.加盖，用大火煮开后转小火续煮1小时至鲫鱼熟透，揭盖，倒入切好的芹菜，加盖，续煮10分钟。4.揭盖，加入盐、鸡粉、胡椒粉，拌匀调味，盛出即可。

菠菜芹菜粥

◎烹饪方法: 煮　　◎口味: 清淡

原　料

水发大米130克，菠菜60克，芹菜35克

做　法

1.将洗净的菠菜切小段；洗好的芹菜切丁。2.砂锅中注入适量清水烧开，放入洗净的大米，搅拌匀，使其散开。3.盖上盖，烧开后用小火煮约35分钟，至米粒变软，揭盖，倒入切好的菠菜，拌匀。4.再放入芹菜丁，拌匀，煮至断生，关火后盛出煮好的菠菜芹菜粥，装在碗中即成。

烹饪时间 Times 37分钟

产后腹痛

妇女下腹部的盆腔内器官较多，出现异常时，容易引起产后腹痛，包括腹痛和小腹痛。大多是淤寒引起，但也可能因失血过多、子宫失于滋养而表现隐痛、恶露色淡。

饮食调养

1.针对产后腹痛的饮食宜清淡，少吃生冷食物。

2.补充优质蛋白质，改善体虚，如鸡蛋、鸽子、甲鱼等。

3.补充维生素、无机盐和膳食纤维，多吃含维生素和膳食纤维的蔬果，如茄子、黄瓜、胡萝卜、西葫芦、冬瓜、萝卜、油菜、芹菜、绿豆芽等。

预防护理

1.产妇在产后应消除恐惧与精神紧张，注意保暖，切忌饮冷受寒。

2.产妇不要卧床不动，应及早起床活动，并根据体力渐渐增加活动量。

3.密切观察子宫缩复情况，注意子宫底高度及恶露变化，如疑有胎盘、胎衣残留，应及时检查处理。

烹饪时间
Times
2分钟

枸杞叶炒鸡蛋

◎烹饪方法: 炒　　◎口味: 鲜

原料

枸杞叶70克，鸡蛋2个，枸杞10克

调料

盐2克，鸡粉2克，水淀粉4毫升，食用油适量

做法

1.将鸡蛋打入碗中，放入盐、鸡粉，用筷子打散、调匀。2.锅中注入适量食用油烧热，倒入调好的蛋液，炒至熟，将炒好的鸡蛋盛出，待用。3.锅底留油，倒入枸杞叶和枸杞，炒至熟软，放入炒好的鸡蛋，翻炒匀，加入盐、鸡粉，炒匀调味。4.淋入水淀粉，快速翻炒匀，关火后将炒好的菜肴盛出，装盘即可。

西芹木耳炒虾仁

◎烹饪方法: 炒   ◎口味: 清淡

烹饪时间
Times
12分钟

原 料

西芹75克，木耳40克，虾仁50克，胡萝卜
片、姜片、蒜末、葱段各少许

调 料

盐3克，鸡粉2克，料酒4毫升，水淀粉、
食用油各适量

做 法

1.洗净的西芹切成条段；洗好的木耳切小
块；洗净的虾仁由背部切开，去除虾线。

2.虾仁装碗，加盐、鸡粉，倒入适量水淀
粉拌匀，注入适量食用油，腌渍10分钟。

3.水烧开，放盐、食用油，倒入木耳煮1
分钟捞出，再倒入西芹，煮半分钟捞出。

4.放入少许胡萝卜片、姜片、蒜末入油锅
爆香，倒入虾仁，淋入料酒，翻炒几下。

5.倒入木耳、西芹炒至全部食材熟软。

6.加盐、鸡粉调味，倒入适量水淀粉勾
芡，撒上少许葱段炒至断生，盛出即成。

① ② ③ ④ ⑤ ⑥

◎ **制作指导**: 木耳焯水时，可以撒上
少许食粉，这样炒出来的木耳口感会更
柔嫩。

菌菇鸽子汤

◎烹饪方法: 煮　◎口味: 鲜

原料

鸽子肉400克, 蟹味菇80克, 香菇75克, 姜片、葱段各少许

调料

盐、鸡粉各2克, 料酒8毫升

做法

1.洗净的鸽子肉斩成小块。2.水烧开, 倒入鸽肉块, 淋入料酒, 煮半分钟捞出。3.砂锅中注水烧开, 倒入鸽肉, 撒上少许姜片, 淋料酒, 盖上盖, 烧开后炖煮约20分钟。4.揭盖, 倒入洗净的蟹味菇、香菇, 搅拌匀, 盖好盖, 用小火续煮约15分钟, 揭开盖, 加鸡粉、盐, 拌匀调味, 续煮至汤汁入味, 关火后盛出, 装入汤碗中, 撒上少许葱段。

阿胶淮杞炖甲鱼

◎烹饪方法: 炖　◎口味: 鲜

原料

甲鱼块450克, 淮山10克, 枸杞15克, 阿胶10克, 鸡汤200毫升, 姜片少许

调料

盐、鸡粉各2克, 料酒10毫升

做法

1.沸水锅中倒入洗净的甲鱼块, 淋入料酒, 略煮一会儿, 氽去血水, 捞出。2.将甲鱼块放入炖盅里, 注入鸡汤, 放入少许姜片、淮山、枸杞, 加入适量清水, 盖上盖, 待用。3.蒸锅中注入适量清水烧开, 放入阿胶、炖盅, 在阿胶里加入适量清水, 用大火炖90分钟, 取出阿胶, 搅匀。4.在炖盅里加入盐、鸡粉、料酒, 倒入溶化的阿胶, 拌匀, 盖上盖, 续炖30分钟至熟, 取出即可。

胡萝卜炒香菇片

◎烹饪方法：炒　◎口味：清淡

原料

胡萝卜180克，香菇50克，蒜末、葱段各少许

调料

盐3克，鸡粉2克，生抽4毫升，水淀粉5毫升，食用油适量

做法

1. 洗净的胡萝卜切片；洗好的香菇切片。

2. 锅中注水烧开，加入盐、适量食用油，倒入胡萝卜片，搅拌匀，煮约半分钟。

3. 再放入香菇，搅匀，煮约1分钟，至其八成熟，捞出，沥干水分，待用。

4. 用油起锅，放入少许蒜末，爆香，倒入焯好的胡萝卜片和香菇，快速炒匀。

5. 淋入生抽，加入盐、鸡粉，炒匀调味，倒入水淀粉勾芡。

6. 撒上少许葱段，翻炒几下，盛出装盘。

◎制作指导：鲜香菇的菌褶里有较多的泥土和杂质，应用清水多冲洗几次，这样才能将其彻底清洗干净。

产后便秘

产妇产后大便数日不行或排便时干燥疼痛、难以解出，称为产后便秘，或称产后大便难，是最常见的产后病之一。

饮食调养

1.在吃肉、蛋食物的同时，注意摄入含纤维素多的新鲜蔬菜和水果。蔬菜以菠菜、芹菜、洋葱等为好，水果以香蕉、苹果、梨等为好。
2.多喝汤。产妇应尽量吃一些易消化的通肠润便的食物，其中汤类食物是首选，像稀饭、面汤、米汤、鸡蛋汤等，都能帮助产妇通肠润便。

预防护理

1.不要久卧不动。产后女性不要长时间卧床，而应该适当地增加活动量，头两天应勤翻身，吃饭时坐起来，两天后可以下床活动。
2.调整膳食结构。每日进餐应适当配有一定比例的杂粮，要粗细粮搭配，做到主食多样化。

烹饪时间
Times
2分钟

鸡蛋苋菜汤

◎烹饪方法: 煮　　◎口味: 鲜

◎ 原 料
鸡蛋2个，苋菜120克

◎ 调 料
盐2克，鸡粉2克，食用油适量

◎ 做 法

1.将洗好的苋菜切段，装入盘中待用；鸡蛋打入碗中，用筷子打散调匀。2.用油起锅，倒入切好的苋菜，翻炒一会儿，向锅中注入适量清水。3.盖上盖，用大火煮沸，揭盖，放入鸡粉、盐，拌匀调味。4.倒入备好的蛋液，迅速搅拌匀，煮沸，将锅中煮好的汤料盛出，装入碗中即可。

冰糖蒸香蕉

◎烹饪方法：蒸　◎口味：甜

烹饪时间
Times
8分钟

原料

香蕉120克

调料

冰糖30克

做法

1.将洗净的香蕉剥去果皮，用斜刀切片，备用。

2.将香蕉片放入蒸盘，摆好，撒上冰糖。

3.蒸锅注水烧开，把蒸盘放在蒸锅里。

4.盖上锅盖，用中火煮7分钟，揭开锅盖，取出蒸好的食材即可。

○**制作指导**：应选用肥大饱满、没有黑斑的香蕉。

鲜橙蒸水蛋

◎烹饪方法：蒸　◎口味：清淡

烹饪时间
Times
20分钟

○ 原 料

橙子180克，蛋液90克

○ 调 料

白糖2克

○ 做 法

1.洗净的橙子切去头尾，在其三分之一处切开，挖出果肉，制成橙盅和盅盖，再将橙子果肉切碎末。2.取一碗，倒入蛋液，放入橙子肉，加白糖、清水，拌匀，取橙盅，倒入拌好的蛋液，至七八分满，盖上盅盖。3.打开电蒸笼，向水箱内注入清水，放上蒸隔，按"开关"键通电，码好笼屉，放入橙盅。4.选择"鸡蛋"，按"蒸盘"键，时间设18分钟，断电后取出鲜橙蒸水蛋即可。

红薯银耳枸杞羹

◎烹饪方法：煮　◎口味：甜

○ 原 料

水发银耳100克，红薯90克，枸杞10克

○ 调 料

食粉、水淀粉各适量，冰糖40克

○ 做 法

1.洗净的银耳切除黄色的根部，再切成小块；洗好去皮的红薯切丁。2.锅中注入水烧开，撒适量食粉，倒入银耳煮1分钟，捞出。3.砂锅中注水烧开，倒入红薯丁、银耳，撒上洗净的枸杞，搅拌，煮沸后转小火煮20分钟。4.放入冰糖，搅拌匀，转大火续煮一会儿，倒入适量水淀粉，搅拌至汤汁浓稠，关火后盛出煮好的红薯银耳枸杞羹即成。

烹饪时间
Times
22分钟

玉米上海青汤

◎烹饪方法：煮　　◎口味：清淡

○ 原料

上海青120克，玉米段80克，胡萝卜块120克，姜片少许，高汤适量

○ 调料

盐2克，鸡粉2克，胡椒粉2克

○ 做法

1.锅中注入适量清水烧开，放入洗净的上海青，焯煮至断生，用筷子夹出焯煮好的上海青，待用。2.砂锅中注入适量高汤烧开，倒入洗净的胡萝卜块和玉米段，搅匀。3.盖上盖，烧开后转中火煮约20分钟至食材熟透。4.揭盖，加入鸡粉、盐、胡椒粉，拌匀调味，把煮好的汤料盛入碗中，用筷子把余煮好的上海青夹入碗中即可。

鸡肉蔬菜汤

◎烹饪方法：煮　　◎口味：鲜

○ 原料

鸡胸肉150克，包菜60克，胡萝卜75克，高汤1000毫升，豌豆40克

○ 调料

水淀粉适量

○ 做法

1.锅中注水烧热，放入鸡胸肉，用中火煮约10分钟，捞出，切粒。2.洗好的豌豆切开，再切碎；洗净的胡萝卜切薄片，再切条形，改切成粒；洗净的包菜切开，切碎，备用。3.锅中注入适量清水烧开，倒入高汤，放入鸡肉粒，拌匀，用大火煮至沸腾，倒入豌豆，拌匀，放入胡萝卜、包菜，拌匀，用中火煮5分钟。4.倒入适量水淀粉，搅拌均匀，至汤汁浓稠，关火后盛出即可。

烹饪时间
Times
17分钟

产后食欲不振

产妇月子里的大补常常使胃肠超负荷运作，导致见到油腻肥厚的食物就胃口大败，加之产后比较疲累、情绪抑郁不振等主观因素的刺激，很容易产生产后食欲不振。

饮食调养

1.饮食讲究质量先行，食物要少而精，食物品种应多样化，水分要多一些。
2.食物的品种、形态、颜色、口感也要注意多样化，并且变换烹调方法制作。
3.荤菜和素菜兼用，粗粮和细粮搭配，植物蛋白和动物蛋白混合着吃，还要多吃新鲜蔬菜和水果，不要偏食，充分满足机体对各种营养素的需要。

预防护理

1.准备花生糖、黑芝麻、酒酿、核桃等小点心，有助于开胃。
2.保持室内空气清新，避免油烟、二手烟、汽油味。
3.保证产妇心情舒畅，通过听音乐、聊天等方式让产妇心情放松，从而增加食欲。

烹饪时间
Times
12分钟

菠萝炒鱼片

◎烹饪方法：炒　　◎口味：鲜

🥬 原料
菠萝肉75克，草鱼肉150克，红椒25克，姜片、蒜末、葱段各少许

🍶 调料
豆瓣酱7克，盐2克，鸡粉2克，料酒4毫升，水淀粉、食用油各适量

🔪 做法
1.菠萝肉、草鱼肉切片；洗净的红椒切小块。2.草鱼片放入碗中，加盐、鸡粉、水淀粉、食用油拌匀，腌渍10分钟，入油锅滑油至断生，捞出。3.姜片、蒜末、葱段入油锅爆香，倒入红椒块、菠萝肉炒匀，倒入草鱼片，加盐、鸡粉、豆瓣酱。4.淋入料酒，倒入水淀粉，翻炒至食材入味。

柠檬鸡柳吐司卷

◎烹饪方法: 其他　　◎口味: 淡

🍗 原料

生菜85克，小黄瓜75克，海苔20克，吐司面包70克，鸡胸肉90克，胡萝卜条20克，葡萄干30克，柠檬汁40毫升

🥄 调料

盐1克，黑胡椒粉2克，料酒、水淀粉各5毫升，食用油适量

🔪 做法

1.吐司面包切去焦边部分；洗好的小黄瓜、生菜切丝；洗好的鸡胸肉切成鸡柳。

2.鸡柳装碗，加料酒、盐、黑胡椒粉、水淀粉、适量食用油，拌匀，腌渍10分钟。

3.沸水锅中倒入鸡柳，余煮至断生捞出。

4.取出海苔，在其一端放上吐司、鸡柳。

5.加上生菜丝和黄瓜丝，放上胡萝卜条和葡萄干，挤上柠檬汁。

6.将海苔和吐司卷起，制成吐司卷，剩余的食材做法相同，将吐司卷装盘即可。

烹饪时间 Times 14分钟

① ② ③ ④ ⑤ ⑥

🍽 制作指导: 如果觉得加入柠檬汁太酸，可以放入一点蜂蜜或白糖。

萝卜缨炒鸡蛋

◎烹饪方法: 炒　◎口味: 鲜

烹饪时间
Times
2分钟

原料

萝卜缨120克, 鸡蛋2个, 蒜末、葱段各少许

调料

盐3克, 鸡粉2克, 食用油适量

做法

1.洗净的萝卜缨切去根部, 切成段, 鸡蛋打入碗中, 加盐, 用筷子打散。2.锅中注食用油烧热, 倒入蛋液, 炒至熟。3.用油起锅, 放入蒜末、葱段, 爆香, 倒入萝卜缨, 翻炒至熟软。4.加入适量盐、鸡粉, 炒匀调味, 倒入炒熟的鸡蛋, 翻炒一会儿, 装入盘中即可。

橙子南瓜羹

◎烹饪方法: 煮　◎口味: 清淡

原料

南瓜200克, 橙子120克

调料

冰糖适量

做法

1.洗净去皮的南瓜切成片, 备用; 洗好的橙子切去头尾, 切开, 切取果肉, 再剁碎。2.蒸锅上火烧开, 放入南瓜片, 盖上盖, 烧开后用中火蒸约20分钟至南瓜软烂, 揭开锅盖, 取出南瓜片, 将放凉的南瓜放入碗中, 捣成泥状, 待用。3.锅中注入适量清水烧开, 倒入适量冰糖, 搅拌匀, 煮至冰糖溶化, 倒入南瓜泥, 快速搅散, 倒入橙子肉, 搅拌匀。4.用大火煮1分钟, 撇去浮沫, 关火后盛出煮好的食材, 装入碗中即可。

烹饪时间
Times
22分钟

开胃水果汤

◎烹饪方法：煮　　◎口味：酸

烹饪时间 Times 17分钟

原料

火龙果100克，油桃50克，李子100克，柠檬30克，苹果30克

调料

白糖2克

做法

1.洗净的柠檬切下两片薄片；洗好的苹果切开，去核，切成瓣，去皮，改切成小块；洗净的油桃切开，去核，改切成小块；洗好的李子切开，去核，切成小块。 2.火龙果切开，切成瓣，去皮，再切成小块，备用。 3.砂锅中注入适量清水烧热，倒入切好的苹果、油桃、火龙果、李子，用小火煮约15分钟。 4.加入白糖，拌匀，煮至溶化，关火后盛出，装入杯中，放上切好的柠檬片即可。

西红柿稀粥

◎烹饪方法：煮　　◎口味：清淡

原料

水发米碎100克，西红柿90克

做法

1.将洗好的西红柿切开，再切成小块，去皮，去籽，装盘待用。 2.取榨汁机，选择搅拌刀座组合，倒入西红柿，注入少许温开水，盖好盖，通电后选择"榨汁"功能，榨取汁水，断电后将汁水倒入碗中，备用。 3.砂锅中注入适量清水烧开，倒入备好的米碎，拌匀，盖上盖，烧开后用小火煮约20分钟至熟。 4.揭盖，倒入西红柿汁，搅拌均匀，盖上盖，再用小火煮约5分钟，揭开盖，关火后将稀粥盛入碗中即可。

烹饪时间 Times 25分钟

产后恶露不下

产后恶露不下是指胎盘娩出后，胞宫内的余血浊液留滞不下或下亦甚少，并伴有小腹疼痛。恶露不下多由淤血所致。

饮食调养

1.产后第一周是排恶露的黄金时期，为避免恶露排不干净，第一周一定不要大补，而要吃一些对下奶和补血效果均明显的食物。
2.不要吃生冷、寒凉的食物，如果吃了生冷食物，如从冰箱刚取出的水果、蔬菜，很有可能就会引发恶露不下或不净、产后腹痛等多种症状。

预防护理

1.产后注意保暖，避免受寒，下腹部可作热敷，以温通气血。
2.保持心情舒畅，防止情志刺激。
3.注意外阴部清洁。
4.鼓励产妇适当起床活动，有助于气血运行和胞富余浊的排出。

烹饪时间
Times
3分钟

芹菜炒黄豆

◎烹饪方法: 炒　◎口味: 清淡

原料
熟黄豆220克，芹菜梗80克，胡萝卜30克

调料
盐3克，食用油适量

做法
1.将洗净的芹菜梗切成小段；洗净去皮的胡萝卜切条形，再切成丁。2.锅中注入适量清水烧开，加入盐，倒入胡萝卜丁，搅拌几下，再煮1分钟，至其断生后捞出，沥干水分，待用。3.用油起锅，倒入芹菜梗，翻炒匀，至芹菜梗变软，再倒入焯过水的胡萝卜丁，放入熟黄豆，快速翻炒一会儿。4.加盐，炒匀调味，盛出即成。

红枣山药乌鸡汤

◎烹饪方法：煮　◎口味：鲜

🥄 原 料

乌鸡块350克，山药160克，红枣15克，姜片、葱段各少许

🍶 调 料

盐、鸡粉各2克，胡椒粉1克，料酒少许

✔ 做 法

1.洗净去皮的山药切滚刀块。

2.锅中注入适量清水烧开，倒入洗净的乌鸡块，拌匀，氽去血水，捞出氽煮好的乌鸡块，沥干水分，装盘待用。

3.砂锅中注水烧热，放入红枣，少许姜片、葱段煮至沸腾，倒入乌鸡块，淋入少许料酒拌匀。

4.盖上盖，烧开后用小火煮约1小时。

5.揭开盖，倒入山药块，再盖上盖，用小火续煮约20分钟。

6.揭开盖，加入盐、鸡粉、胡椒粉，拌匀调味，用中火煮约5分钟，盛出即可。

❶　❷

◎ 制作指导：山药切块后要马上放入清水中，以免氧化变黑。

清蒸草鱼段

◎烹饪方法: 蒸　　◎口味: 鲜

原 料

草鱼肉370克，姜丝、葱丝、彩椒丝各少许

调 料

蒸鱼豉油少许

做 法

1.洗净的草鱼肉由背部切一刀，放在蒸盘中，待用。2.蒸锅上火烧开，放入蒸盘。3.再盖上盖，用中火蒸约15分钟，至食材熟透。4.揭开盖，取出蒸盘，撒上少许姜丝、葱丝、彩椒丝，淋上少许蒸鱼豉油即可。

烹饪时间
Times
15分钟

烹饪时间
Times
36分钟

黄芪鲤鱼汤

◎烹饪方法: 煮　　◎口味: 鲜

原 料

鲤鱼500克，水发红豆90克，黄芪20克，莲子40克，砂仁20克，芡实30克，姜片、葱段各少许

调 料

料酒10毫升，盐2克，鸡粉2克，食用油适量

做 法

1.用油起锅，倒入少许姜片爆香，放入处理干净的鲤鱼，煎出香味，将鲤鱼翻面，煎至焦黄色盛出。2.锅中注开水，放入红豆、莲子、黄芪、砂仁、芡实用小火煮20分钟，至药材析出有效成分。3.放入煎好的鲤鱼，加料酒、盐、鸡粉调味。4.用小火续煮15分钟，用勺搅拌匀，装入碗中，放入少许葱段。

生菜鸡蛋面

◎ 烹饪方法：煮
◎ 口味：鲜

烹饪时间
Times
4分钟

🔹 **原料**

面条120克，鸡蛋
1个，生菜65克，
葱花少许

🔹 **调料**

盐2克，鸡粉2
克，食用油适量

🔹 **做法**

1. 鸡蛋打入碗中，打散、调匀，制成蛋液。
2. 用油起锅，倒入蛋液，炒至熟，关火后盛出炒好的鸡蛋，待用。
3. 锅中注入适量清水烧开，放入面条，搅匀，加入盐、鸡粉，拌匀调味，盖上盖，用中火煮约2分钟，至面条熟软。
4. 揭盖，加入适量食用油，放入炒好的鸡蛋，搅匀，放入洗好的生菜，拌煮至变软，关火后盛出煮好的鸡蛋面，撒上少许葱花即可。

❶

❷

❸

❹

🔹 **制作指导**：生菜不宜煮太久，否则口感会变差。

产后恶露不净

产后坏死蜕膜等组织随血液经阴道排出，称为恶露，这是产褥期的临床表现，一般持续4～6周，如超出上述时间仍有较多恶露排出，称之为产后恶露不净。

饮食调养

1.多吃富含维生素、矿物质和膳食纤维的蔬果，如茄子、青椒、苹果、西红柿、包菜、胡萝卜等。
2.适当食用有活血化瘀功效的食物，如红米、红枣。

预防护理

1.分娩前积极治疗各种妊娠相关疾病，如妊娠期高血压疾病、贫血、阴道炎等。
2.坚持哺乳，有利于子宫收缩和恶露的排出。
3.分娩后每日观察恶露的颜色、量和气味，正常的恶露应无臭味但带有血腥味，如果发现有臭味，则可能为异常情况，应及时到医院就诊。

烹饪时间
Times
13分钟

芦笋炒鸡柳

◎烹饪方法: 炒　◎口味: 鲜

🥗 原 料

鸡胸肉150克，芦笋120克，西红柿75克

🍶 调 料

盐3克，鸡粉2克，水淀粉、食用油各适量

🍳 做 法

1.洗净去皮的芦笋切粗条；洗好的鸡胸肉切成鸡柳；洗净的西红柿切小瓣，去瓤。2.鸡柳装碗，加盐、鸡粉、水淀粉，拌匀，腌渍10分钟。3.锅中注入清水烧开，倒入芦笋条，加食用油、盐煮1分钟捞出。4.用油起锅，倒入鸡柳炒至变色，倒入芦笋条、西红柿，加盐、鸡粉炒匀，倒入水淀粉炒至食材熟透，盛出即成。

茄汁莲藕炒鸡丁

◎烹饪方法: 鲜　◎口味: 炒

🕑 原 料

西红柿100克，莲藕130克，鸡胸肉200克，蒜末、葱段各少许

🥄 调 料

盐3克，鸡粉少许，水淀粉4毫升，白醋8毫升，番茄酱10克，白糖10克，料酒、食用油各适量

🍳 做 法

1.洗净去皮的莲藕切丁；洗好的西红柿切成小块；洗净的鸡胸肉切条，改切成丁。

2.将鸡肉丁装入碗中，加盐、鸡粉，淋入水淀粉拌匀，倒入食用油，腌渍10分钟。

3.锅中注水烧开，加盐、白醋，倒入莲藕，搅匀，煮1分钟，捞出。

4.用油起锅，放入少许蒜末、葱段，爆香，倒入鸡肉丁，炒松散。

5.淋入料酒略炒片刻，放入西红柿炒匀。

6.倒入莲藕炒匀，加番茄酱、盐、白糖，炒匀调味，关火后盛出，装入盘中即可。

烹饪时间
Times
12分钟

◎ 制作指导: 莲藕焯水时加入适量白醋，可以防止莲藕在炒制时变黑。

橄榄白萝卜排骨汤

◎烹饪方法: 煮　◎口味: 鲜

烹饪时间 Times 85分钟

🍠 **原 料**

排骨段300克，白萝卜300克，青橄榄25克，姜片、葱花各少许

🥄 **调 料**

盐2克，鸡粉2克，料酒适量

🔪 **做 法**

1.洗净去皮的白萝卜切小块。2.锅中注入清水烧开，放入洗好的排骨段拌匀，煮约1分钟，氽去血水，捞出沥干水分。3.砂锅中注入清水烧热，倒入排骨段，放入洗净的青橄榄，撒上少许姜片，淋入适量料酒提味，烧开后用小火煮1小时。4.放入白萝卜块，煮沸后用小火续煮约20分钟，加入盐、鸡粉，搅拌至食材入味，装入汤碗中，撒入少许葱花即成。

芡实银耳汤

◎烹饪方法: 煮　◎口味: 甜

🍠 **原 料**

水发银耳200克，水发芡实60克，红枣干30克

🥄 **调 料**

冰糖25克，糖桂花15克

🔪 **做 法**

1.砂锅中注入适量清水烧热，倒入备好的芡实、红枣、银耳、糖桂花。2.盖上锅盖，煮开后用小火煮30分钟至食材熟透。3.揭开锅盖，加入冰糖，拌匀，煮至冰糖溶化。4.关火后盛出煮好的芡实银耳汤即可。

烹饪时间 Times 40分钟

烹饪时间
Times
31分钟

山药粥

◎烹饪方法：煮　◎口味：清淡

🐮 原 料

大米150克，山药80克，枸杞适量

🖊 做 法

1.洗净去皮的山药切片，切条切丁。2.砂锅中注入适量的清水用大火烧热，倒入洗净的大米、山药，搅拌片刻。3.盖上锅盖，大火烧开后转小火煮30分钟，掀开锅盖，搅拌片刻。4.将粥盛出，装入碗中，点缀上适量枸杞即可。

益母草瘦肉红米粥

◎烹饪方法：煮　◎口味：清淡

🍏 原 料

水发大米120克，水发红米80克，猪瘦肉50克，益母草少许

🖊 做 法

1.洗好的猪瘦肉切片，再切条形，改切成丁，待用。2.砂锅中注入适量清水烧开，倒入少许备好的益母草，搅匀，盖上锅盖，烧开后用小火煮约20分钟至其析出有效成分，揭开锅盖，捞出药材。3.再倒入猪瘦肉，搅拌匀，煮至变色，倒入红米、大米，搅拌均匀。4.盖上锅盖，烧开后用小火煮约30分钟至食材熟透，揭开锅盖，搅拌均匀，关火后将煮好的粥盛出，装入碗中即可。

烹饪时间
Times
51分钟

产后乳汁不足

分娩后胎盘排出，雌激素分泌急剧减少，而催乳素分泌增多，加上婴儿吮吸奶头的刺激，乳房就会自然分泌乳汁，如果不足以满足宝宝的吸收称为产后乳汁不足。

饮食调养

1.补充充足的营养。乳汁的分泌需要充足的营养，选择营养价值高的食物，如牛奶、鸡蛋、蔬菜、水果等。
2.常喝汤水，对乳汁的分泌能起催化作用。
3.结合催乳食物，如猪蹄、花生米等食物，对乳汁的分泌有良好的促进作用。

预防护理

1.要放松身心，保持心情舒畅、愉悦，可用热毛巾将乳房擦拭干净，轻轻地按摩，促进循环保持畅通。
2.加强宝宝的吮吸。实验证明，宝宝吃奶后，妈妈血液中的催乳素会成倍增长。这是因为宝宝吮吸乳头，可促进妈妈脑下垂体分泌催乳素，从而增加乳汁的分泌。

烹饪时间
Times
12分钟

莴笋牛肉丝

◎烹饪方法：炒　　◎口味：鲜

原料
莴笋200克，牛肉150克，红椒20克，姜片、蒜末、葱白各少许

调料
盐3克，鸡粉3克，蚝油5克，生抽3毫升，料酒5毫升，水淀粉、食粉、食用油各适量

做法
1.洗净的莴笋、红椒、牛肉均切丝。
2.牛肉装碗，加生抽、盐、鸡粉、适量食粉、水淀粉、食用油拌匀，腌渍10分钟。3.油烧热，倒入少许葱白、蒜末、姜片爆香，倒入牛肉炒至转色，加红椒、莴笋炒匀。4.淋入料酒，注入清水翻炒片刻，放入盐、鸡粉和蚝油炒至入味，盛出装盘即可。

烹饪时间
Times
32分钟

鲫鱼花生木瓜汤

◎烹饪方法：炖　　◎口味：鲜

原料
鲫鱼400克，木瓜150克，花生米70克，姜片15克

调料
盐3克，鸡粉2克，胡椒粉少许，食用油适量

做法
1.洗净的木瓜去籽，去皮，切长条，改切成小块。2.锅中倒入适量食用油烧热，放入姜片，爆出香味，放入处理好的鲫鱼，煎出焦香味，翻面，再煎片刻，把煎好的鲫鱼盛出备用。3.砂锅中倒入适量清水烧开，放入洗净的花生米，再放入煎好的鲫鱼，烧开后用小火炖20分钟。4.放入切好的木瓜，用小火再炖10分钟，放入鸡粉、盐、少许胡椒粉，用锅勺搅匀调味，关火，将砂锅端出即成。

葛根木瓜猪蹄汤

◎烹饪方法：煮　　◎口味：鲜

原料
葛根木瓜猪蹄汤汤料1/2包（葛根、木瓜丝、核桃、黄豆、红豆、花生、莲子），猪蹄块200克，清水1000毫升

调料
盐2克

做法
1.将葛根和木瓜丝、核桃、黄豆、红豆、花生、莲子分别装入碗中，倒入清水泡发8分钟，捞出，分别装入干净的碗中。2.锅中注清水烧开，放入猪蹄块，余煮一会儿至去除血水和脏污，捞出沥干水分。3.砂锅中注入1000毫升清水，倒入余好的猪蹄块，放入泡好的汤料，拌匀，大火煮开转小火煮2小时至有效成分析出。4.加入盐，搅拌片刻至入味，关火后盛出，装碗即可。

烹饪时间
Times
129分钟

牛奶阿胶粥

◎烹饪方法: 煮　　◎口味: 甜

烹饪时间
Times
42分钟

原 料

水发大米180克, 阿胶少许, 牛奶175毫升

调 料

白糖4克

做 法

1.将少许阿胶放入小碟中, 倒入清水, 待用。2.蒸锅置火上, 用大火烧开, 放入小碟, 用中火蒸约10分钟, 至阿胶溶化, 关火后取出。3.砂锅中注入适量清水烧热, 倒入洗净的大米, 拌匀, 盖上盖, 烧开后用小火煮约30分钟, 至米粒变软。4.揭盖, 倒入蒸好的阿胶, 搅拌匀, 加入备好的牛奶, 拌匀, 放入白糖, 拌匀, 用中火煮至白糖溶化, 关火后盛出煮好的粥, 装入碗中即可。

生蚝粥

◎烹饪方法: 煮　　◎口味: 鲜

原 料

水发紫米、水发大米各80克, 生蚝肉100克, 姜片、香菜末、葱花各少许

调 料

盐2克, 鸡粉2克, 料酒3毫升, 胡椒粉2克, 芝麻油2毫升

做 法

1.洗净的生蚝肉装碗, 放入少许姜片, 加盐、鸡粉、料酒拌匀, 腌渍10分钟。2.砂锅中注入清水烧开, 倒入洗净的大米、紫米, 搅拌匀。3.烧开后用小火煮30分钟, 倒入腌渍好的生蚝肉, 煮沸。4.加入盐、鸡粉、胡椒粉、芝麻油, 用锅勺搅匀调味, 将煮好的生蚝粥盛入汤碗中, 撒上少许香菜末、葱花。

烹饪时间
Times
41分钟

鳕鱼土豆汤

◎烹饪方法: 煮　　◎口味: 鲜

🔖 原 料

鳕鱼肉150克，土豆75克，胡萝卜60克，豌豆45克，肉汤1000毫升

🅐 调 料

盐2克

✐ 做 法

1.锅中注入清水烧开，倒入洗净的豌豆，煮约2分钟，捞出沥干水分，装入盘中。

2.将放凉的豌豆切开；把洗净的胡萝卜切片，再切条，改切成小丁块；洗净去皮的土豆切片，再切成小丁块。

3.洗好的鳕鱼肉去除鱼骨、鱼皮，再把鱼肉碾碎，剁成细末，备用。

4.锅置于火上烧热，倒入肉汤，用大火煮沸，倒入备好的胡萝卜、土豆、豌豆。

5.放入鳕鱼肉，用中火煮约3分钟。

6.加盐调味，煮至入味，盛出即可。

◎ **制作指导**: 鳕鱼肉可先用少许料酒腌渍一会儿，以去除腥味。

产后乳房胀痛

分娩过后，产妇会分泌大量的乳汁，宝宝吃不完没能及时排出就会出现奶胀，同时会引起乳房胀痛，如果时间过久或经常出现奶胀，会容易引起乳腺炎症的发生。

饮食调养

1.应该选择低脂高纤饮食，多食谷类（全麦）、蔬菜及豆类，可以多吃牛肉、芹菜、麦片、黄瓜、胡萝卜等。
2.不吃过咸、高盐的食物，易使乳房胀大。

预防护理

1.乳汁分泌过多，如果新生儿吃不完奶，多余的奶水记得一定要全部挤出来，直到乳房软掉为止。
2.给孩子喂奶前要把乳房先清洁干净。
3.热敷乳房，可以稍微按摩，减少胀痛的感觉。

烹饪时间
Times
17分钟

豌豆炒牛肉粒

◎烹饪方法：炒　　◎口味：鲜

🔴 原料

牛肉260克，彩椒20克，豌豆300克，姜片少许

🟡 调料

盐2克，鸡粉2克，料酒3毫升，食粉2克，水淀粉10毫升，食用油适量

✏️ 做法

1.洗净的彩椒切丁；牛肉切粒，装碗，加盐、料酒、食粉、水淀粉、食用油拌匀，腌渍15分钟。2.豌豆、彩椒加盐、食用油焯水后捞出。3.牛肉入油锅滑油后捞出，沥干油，待用。
4.姜片入油锅爆香，倒入牛肉、料酒炒香，倒入焯过水的食材，加盐、鸡粉、料酒、水淀粉炒匀即可。

胡萝卜板栗排骨汤

◎烹饪方法: 煮　　◎口味: 鲜

烹饪时间
Times
57分钟

❶　❷
❸　❹
❺　❻

◯ 原 料

排骨300克，胡萝卜120克，板栗肉65克，姜片少许

◯ 调 料

料酒12毫升，盐2克，鸡粉2克，胡椒粉适量

◯ 做 法

1.洗净去皮的胡萝卜切成小块。

2.锅中注水烧开，淋入料酒，放入洗净的排骨，氽去血水，捞出排骨，沥干水分。

3.砂锅中注清水烧开，倒入排骨、少许姜片，放入洗好的板栗肉，淋入料酒搅匀。

4.盖上锅盖，烧开后用小火煮约30分钟，揭开锅盖，倒入切好的胡萝卜，搅匀。

5.再盖上锅盖，用小火续煮25分钟，揭开锅盖，加盐、鸡粉，搅匀调味。

6.用小火略煮一会儿，撒上适量胡椒粉，煮至食材入味关火后盛出，装碗即可。

◯ 制作指导: 去壳的板栗可以在开水中泡一会儿，能更好地去除薄膜。

清味黄瓜鸡汤

◎烹饪方法: 煮　◎口味: 鲜

烹饪时间
Times
35分钟

原 料
黄瓜100克，鸡胸肉末100克，姜末、蒜末各少许

调 料
盐、鸡粉各2克，胡椒粉、料酒各适量

做 法
1.洗净的黄瓜切小块。2.鸡胸肉末装碗，放盐、鸡粉、胡椒粉、料酒，少许姜末、蒜末拌匀，腌渍10分钟，把鸡胸肉末捏成丸子。3.取电解养生壶底座，放上配套的水壶，加清水至0.7升水位线，按"开关"键通电，水烧开，放入黄瓜块、丸子生坯。4.按"开关"键通电，按"功能"键，选定"煲汤"功能，煮20分钟，放盐、鸡粉调味，按"开关"键断电即可。

包菜鸡蛋汤

◎烹饪方法: 煮　◎口味: 淡

原 料
包菜40克，蛋黄2个

调 料
盐1克

做 法
1.洗净的包菜切碎。2.沸水锅中倒入包菜碎，氽煮30秒至断生，捞出氽好的包菜碎，沥干水分，装盘。3.蛋黄中倒入包菜碎，搅匀成包菜蛋液。4.另起锅，注入约600毫升清水烧开，倒入包菜蛋液，搅匀，煮约1分钟至汤水烧开，加入盐，搅匀调味，关火后盛出煮好的汤，装碗即可。

烹饪时间
Times
3分钟

鲜虾芹菜粥

◎烹饪方法：煮 ◎口味：鲜

烹饪时间 Times 131分钟

🔍 **原 料**

水发大米100克，
鲜虾80克，芹菜
60克，姜片适量

 调 料

盐3克

✏️ **做 法**

1.择洗好的芹菜切成小段，待用。

2.备好电饭锅，加入泡发好的大米，注入适量的清水，盖上盖，按下"功能"键，调至"米粥"状态。

3.打开锅盖，倒入处理好的鲜虾、芹菜、适量姜片，拌匀，盖上盖，继续调至"米粥"状态，煮10分钟。

4.待10分钟后，按下"取消"键，打开盖，加入盐，搅拌调味，将煮好的粥盛出装入碗中即可。

❶

❷

❸

❹

◎ **制作指导**：鲜虾应事先将虾线剔去再烹制。

产后乳腺炎

产后乳腺炎是产褥期常见的一种疾病，多为急性乳腺炎，急性乳腺炎的致病菌多为金黄色葡萄糖球菌及溶血性链球菌，经乳头的裂口或血性感染所致。

饮食调养

1.避免摄入过多的油脂，不要无节制地进食高蛋白、高脂肪的食物，以免哺乳初期分泌过多的乳汁，而宝宝又吃不完，很容易导致乳腺阻塞，引发乳腺炎。
2.选择具有增强免疫力的食物，如豌豆、瘦肉、牛奶等。
3.避免辛辣油腻食物，饮食应以清淡为宜。

预防护理

1.用手将乳房托起进行按摩，反复有节奏地挤压、放松，将乳汁挤出，使肿块尽量变得越软越小越好，直至乳房松软，以排出积乳。
2.用湿热毛巾热敷患侧15分钟，可促使患侧血液循环加快，消除疼痛。
3.无论是在哺乳前还是哺乳后，都需清洁两侧乳头，保持干净卫生。

烹饪时间
Times
2分钟

小白菜炒黄豆芽

◎烹饪方法: 炒　　◎口味: 清淡

🍴 原料

小白菜120克，黄豆芽70克，红椒25克，蒜末、葱段各少许

🥣 调料

盐2克，鸡粉2克，水淀粉、食用油各适量

✏ 做法

1.洗净的小白菜切段；洗好的红椒切丝。2.用油起锅，放入少许蒜末爆香，倒入黄豆芽，拌炒匀，放入小白菜、红椒，炒匀，炒至熟软。3.加入盐、鸡粉，炒匀调味，放入少许葱段。4.倒入适量水淀粉炒匀，炒出葱香味，将锅中材料盛出，装盘即可。

芦笋煨冬瓜

◎烹饪方法：炒   ◎口味：清淡

烹饪时间
Times
3分钟

🍶 原 料

冬瓜230克，芦笋130克，蒜末、葱花各少许

🧂 调 料

盐1克，鸡粉1克，水淀粉、芝麻油、食用
油各适量

🍳 做 法

1.洗净的芦笋用斜刀切段；洗好去皮的冬
瓜切开，去瓤，切片，改切成小块。

2.锅中注清水烧开，倒入冬瓜块，加适量
食用油煮半分钟，倒入芦笋段煮半分钟。

3.捞出焯煮好的材料，沥干水分，待用。

4.用油起锅，放入少许蒜末，爆香，倒入
焯过水的材料，炒匀。

5.加入盐、鸡粉，倒入少许清水，炒匀，
用大火煨煮约半分钟，至食材熟软。

6.倒入适量水淀粉勾芡，淋入适量芝麻
油，拌炒均匀，盛出锅中的食材即可。

🍲 **制作指导**：焯煮芦笋时加点食用
油，可防止芦笋变黄。

玉米炒豌豆

◎烹饪方法: 炒 　◎口味: 清淡

烹饪时间
Times
2分钟

原料

玉米粒200克, 胡萝卜70克, 豌豆180克, 姜片、蒜末、葱段各少许

调料

盐3克, 鸡粉2克, 料酒4毫升, 水淀粉、食用油各适量

做法

1.洗净去皮的胡萝卜切粒。2.锅中注水烧开, 加盐、食用油, 放入胡萝卜粒, 倒入洗净的豌豆、玉米粒, 搅匀, 再煮1分30秒捞出, 沥干水分待用。3.用油起锅, 放入少许姜片、蒜末、葱段, 爆香, 再倒入焯煮好的食材炒匀, 淋入料酒, 炒香。4.加鸡粉、盐翻炒至食材入味, 倒入适量水淀粉勾芡, 盛出即成。

烹饪时间
Times
42分钟

红枣小麦粥

◎烹饪方法: 煮 　◎口味: 甜

原料

大米200克, 小麦200克, 桂圆肉15克, 红枣10克

调料

白糖3克

做法

1.砂锅中注入适量清水烧热, 倒入洗好的小麦、大米, 拌匀。2.放入洗过的桂圆肉、红枣, 拌匀。3.盖上盖, 用大火煮开后转小火煮40分钟至食材熟透。4.揭盖, 加入白糖, 拌匀, 煮至白糖溶化, 关火后盛出煮好的粥, 装入碗中, 待稍微放凉后即可食用。

烹饪时间 Times 32分钟

丝瓜瘦肉粥

◎烹饪方法：煮　◎口味：鲜

原料

丝瓜45克，瘦肉60克，水发大米100克

调料

盐2克

做法

1.将去皮洗净的丝瓜切片，再切成条，改切成粒；洗好的瘦肉切成片，再剁成肉末。
2.锅中注入适量清水，用大火烧热，倒入用水发好的大米，拌匀，盖上盖，用小火煮30分钟至大米熟烂。3.揭盖，倒入瘦肉末，拌匀，放入切好的丝瓜，拌匀煮沸。4.加入盐，用锅勺拌匀调味，煮沸，将煮好的粥盛出，装入碗中即可。

牛奶燕麦粥

◎烹饪方法：煮　◎口味：甜

原料

燕麦片50克，牛奶150毫升

调料

白糖10克

做法

1.砂锅中注入少许清水烧热，倒入备好的牛奶。2.用大火煮沸，放入备好的燕麦片，拌匀、搅散。3.转中火，煮约3分钟，至食材熟透。4.撒上白糖，拌匀、煮沸，至白糖完全溶化，关火后盛出牛奶燕麦粥，装入碗中即成。

烹饪时间 Times 5分钟

产后身痛

产后身痛主要是女性因分娩时用力、出血过多，导致气血不足，再加上风寒乘虚而入，侵及关节、经络，使气血运行不畅导致肢体酸痛、麻木及关节疼痛。

饮食调养

1.多吃富含优质蛋白的食品，如肉类，豆制品以及牛奶及奶制品。
2.食物中需要含有一定量的主食，如小麦粉、玉米、红薯、小米等。
3.多吃富含维生素和矿物质的蔬菜、水果，如西红柿、黄瓜、胡萝卜、茄子、油菜、莴笋、猕猴桃、橘子、草莓等。

预防护理

1.要尽量避免碰凉水，少碰水多出汗，不要着凉。
2.适当活动关节，必要时进行按摩护理。

烹饪时间
Times
13分钟

黄瓜炒牛肉

◎烹饪方法: 炒　◎口味: 鲜

◯ 原 料

黄瓜150克，牛肉90克，红椒20克，姜片、蒜末、葱段各少许

◯ 调 料

盐3克，鸡粉2克，生抽5毫升，食粉、料酒、水淀粉、食用油各适量

◯ 做 法

1.洗净的黄瓜、红椒切小块；牛肉切片。2.牛肉片用生抽、盐，适量食粉、水淀粉、食用油腌渍10分钟，入油锅滑油至变色捞出。3.姜片、蒜末、葱段入油锅爆香，倒入红椒、黄瓜，放入牛肉片、料酒炒香。4.加盐、鸡粉、生抽调味，倒入水淀粉勾芡即可。

豆角烧茄子

◎烹饪方法: 炒　　◎口味: 鲜

🧅 原 料

豆角130克，茄子75克，肉末35克，红椒25克，蒜末、姜末、葱花各少许

🍶 调 料

盐、鸡粉各2克，白糖少许，料酒4毫升，水淀粉、食用油各适量

🧭 做 法

1. 洗净的豆角切长段；洗好的茄子切长条；洗净的红椒切条状，再切碎末。
2. 茄子条入油锅炸2分钟，捞出，沥干。
3. 油锅中再倒入豆角，炸1分钟捞出。
4. 用油起锅，倒入肉末炒至变色，撒上少许姜末、蒜末，炒出香味，倒入红椒末。
5. 炒匀，倒入炸过的食材，用小火翻炒匀，加盐、少许白糖、鸡粉，淋入料酒。
6. 炒匀，用适量水淀粉勾芡，关火后盛出炒好的菜肴，装入盘中，撒上葱花即可。

◎ 制作指导: 茄子条炸好后最好挤出多余的油，这样菜肴才不会太油腻。

胡萝卜丁炒鸡肉

◎烹饪方法: 炒　◎口味: 鲜

烹饪时间 Times 13分钟

原 料

胡萝卜200克, 鸡胸肉180克, 姜片、蒜末、葱白各少许

调 料

盐5克, 鸡粉3克, 水淀粉5毫升, 米酒5毫升, 食用油适量

做 法

1.洗净的胡萝卜、鸡胸肉切丁, 鸡肉丁装碗, 加盐、鸡粉、水淀粉、适量食用油拌匀, 腌渍10分钟。2.胡萝卜丁加2克盐焯水捞出。3.姜片、蒜末、葱白入油锅爆香, 倒入腌渍好的鸡肉丁, 炒松散, 加入米酒, 炒香, 倒入胡萝卜丁, 翻炒匀。4.加入盐、鸡粉, 炒匀调味, 倒入适量水淀粉炒匀, 盛出即可。

黑豆猪肝汤

◎烹饪方法: 煮　◎口味: 鲜

原 料

水发黑豆100克, 枸杞6克, 猪肝90克, 姜片少许, 小白菜60克

调 料

料酒2毫升, 盐、鸡粉、食用油各适量

做 法

1.洗净的小白菜切去根部, 切成段; 洗好的猪肝切片。2.猪肝片装碗, 加料酒、盐、鸡粉抓匀, 腌渍10分钟。3.砂锅中注清水烧开, 放入泡好的黑豆、洗净的枸杞, 烧开后小火煮20分钟, 放入少许姜片、猪肝片煮至沸腾。4.放入鸡粉、盐, 略煮片刻, 撇去浮沫, 搅匀调味, 注入适量食用油, 放入切好的小白菜, 搅匀, 煮至食材熟透, 关火起锅, 将煮好的汤料盛出即可。

烹饪时间 Times 32分钟

烹饪时间
Times
2分钟

西红柿豆芽汤

◎烹饪方法: 煮　　◎口味: 清淡

🥬 **原料**

西红柿50克，绿豆芽15克

🍶 **调料**

盐2克

🍴 **做法**

1.洗净的西红柿切成瓣，待用。2.砂锅中注入适量清水，用大火烧热。3.倒入西红柿、绿豆芽，加入盐。4.搅拌匀，略煮一会儿至食材入味，关火后将煮好的汤料盛入碗中。

山药南瓜粥

◎烹饪方法: 煮　　◎口味: 清淡

🥬 **原料**

山药85克，南瓜120克，水发大米120克，葱花少许

🍶 **调料**

盐2克，鸡粉2克

🍴 **做法**

1.将洗净去皮的山药切片，再切条，改切成丁；去皮洗好的南瓜切片，再切条，改切成丁。2.砂锅中注入适量清水烧开，倒入大米，搅拌匀，盖上盖，用小火煮30分钟，至大米熟软。3.揭盖，放入切好的南瓜、山药，拌匀，盖上盖，用小火煮15分钟，至食材熟烂。4.揭盖，加入盐、鸡粉，搅匀调味，将煮好的粥盛入碗中，撒上少许葱花即可。

烹饪时间
Times
46分钟

产后肥胖

由于女性怀孕期间体内激素的增加和产后身体情况所产生的落差，导致激素分泌紊乱、新陈代谢减慢，从而导致体重增加，最后导致产后身体肥胖。

饮食调养

1.选择具有降胆固醇和降血脂作用的食物，如芥蓝、黄瓜、竹笋、西葫芦、冬瓜、萝卜、油菜、芹菜。
2.饮食定时定量。一日多餐、定时定量、自我控制是防止饮食过量的有效方法。
3.食物构成应以高蛋白、高维生素、低糖、低脂肪为好。

预防护理

1.勤于活动。顺产后应尽早下地做些轻微的活动，如洗手、洗脸、倒水等。满月后，随着身体的恢复，应坚持每天做体操或健美操等，以减少皮下脂肪堆积。
2.科学睡眠。产后夜晚睡8小时，午睡1小时，一天的睡眠时间即可保证。睡眠时间过多，人体新陈代谢减慢，糖类等营养物质就会以脂肪形式在体内堆积造成肥胖。

烹饪时间
Times
12分钟

竹笋炒鸡丝

◎烹饪方法: 炒　　◎口味: 鲜

🐄 原 料

竹笋170克，鸡胸肉230克，彩椒35克，姜末、蒜末各少许

🍶 调 料

盐2克，鸡粉2克，料酒3毫升，水淀粉、食用油各适量

🔪 做 法

1.洗净的竹笋、彩椒、鸡胸肉切丝，鸡肉丝装碗，加盐、鸡粉、水淀粉、食用油拌匀，腌渍10分钟。2.竹笋丝加盐、鸡粉焯水捞出。3.姜末、蒜末入油锅爆香，倒入鸡肉丝，淋料酒炒香，倒入彩椒丝、竹笋丝炒匀。4.加盐、鸡粉、水淀粉炒匀，盛出即可。

上汤冬瓜

◎烹饪方法: 蒸　　◎口味: 鲜

🍶 **原料**

冬瓜300克，火腿20克，瘦肉30克，水发香菇3克，鸡汤200毫升

🥡 **调料**

盐2克，鸡粉3克，水淀粉适量

🔪 **做法**

1. 洗净去皮的冬瓜切片；洗好的瘦肉切片，再切丝；洗净的香菇去蒂，再切丝。

2. 将火腿切细丝，把火腿丝放在冬瓜上。

3. 蒸锅中注入适量清水烧开，放入冬瓜，盖上盖，用大火蒸20分钟至食材熟透，揭盖，取出冬瓜，待用。

4. 锅置火上，倒入鸡汤，放入火腿丝、瘦肉、香菇。

5. 加入清水，略煮一会儿，撇去浮沫。

6. 放入盐、鸡粉，倒入适量水淀粉拌匀，关火后盛出煮好的食材浇在冬瓜上即可。

① ② ③ ④ ⑤ ⑥

◎ **制作指导**: 冬瓜片切得薄一点，这样更易蒸熟。

蒜蓉炒芥蓝

◎烹饪方法: 炒　◎口味: 清淡

烹饪时间
Times
3分钟

原 料
芥蓝150克, 蒜末少许

调 料
盐3克, 鸡粉少许, 水淀粉、芝麻油、食用油各适量

做 法
1.将洗净的芥蓝切除根部。2.锅中注入适量清水烧开, 加盐、食用油, 略煮一会儿, 倒入切好的芥蓝, 搅散, 焯煮约1分钟, 捞出, 沥干水分, 待用。3.用油起锅, 撒上少许蒜末, 爆香, 倒入芥蓝, 炒匀炒香, 注入清水, 加盐, 撒上少许鸡粉。4.炒匀调味, 再用适量水淀粉勾芡, 滴上适量芝麻油, 炒匀炒透盛在盘中, 摆好盘即可。

黄瓜蒸虾

◎烹饪方法: 蒸　◎口味: 鲜

原 料
虾仁80克, 肉末140克, 黄瓜170克, 香菇25克, 蒜末、葱花各少许

调 料
盐2克, 鸡粉、白胡椒粉各少许, 料酒4毫升, 水淀粉适量

做 法
1.将去皮洗净的黄瓜切段, 掏空瓜瓤; 洗好的香菇切丁。2.肉末装碗, 加少许蒜末、葱花、白胡椒粉、鸡粉、料酒、盐、适量水淀粉拌匀, 放入香菇丁拌匀, 制成馅料。3.将黄瓜段摆放在蒸盘中, 填入馅料, 插上洗净的虾仁, 待用, 备好电蒸锅, 烧开后放入蒸盘, 盖上盖, 蒸约10分钟, 至食材熟透, 取出即可。

烹饪时间
Times
14分钟

蔬菜豆腐泥

◎烹饪方法：煮　◎口味：鲜

⏱ 烹饪时间 Times 8分钟

🍳 原 料

嫩豆腐200克，胡萝卜70克，青豆20克，熟鸡蛋1个

🥄 调 料

生抽2毫升，盐少许，食用油适量

🍴 做 法

1.洗好去皮的胡萝卜切粒；洗净的豆腐压碎，剁成泥，备用。

2.熟鸡蛋去壳，取出蛋黄压成末，待用。

3.砂锅中注清水烧热，倒入洗净的青豆搅匀，用中火煮5分钟捞出，沥干水分。

4.取一个杵臼，倒入焯过水的青豆，捣成泥，装入小碟子中，待用。

5.锅中注入适量清水烧开，加适量食用油、生抽，倒入胡萝卜搅匀，略煮片刻。

6.倒入青豆泥、豆腐末搅拌均匀，加少许盐搅拌片刻，撒上蛋黄末搅匀盛出即可。

① ② ③ ④ ⑤ ⑥

◎ 制作指导：豆腐可以先焯一下水去除豆腥味，味道会更好。

南瓜小米糊

◎烹饪方法: 煮　　◎口味: 清淡

烹饪时间 Times 45分钟

原料

南瓜160克，小米100克，蛋黄末少许

做法

1.将去皮洗净的南瓜切片，摆放在蒸盘中，待用。2.蒸锅上火烧沸，放入蒸盘，盖上锅盖，用中火蒸约15分钟至南瓜变软，揭开锅盖，取出蒸好的南瓜，放凉，把放凉的南瓜置于案板上，用刀背压扁，制成南瓜泥；待用。3.汤锅中注入适量清水烧开，倒入洗净的小米，轻轻搅拌几下。4.盖上盖子，煮沸后用小火煮约30分钟至小米熟透，取下盖子，倒入南瓜泥，搅散，拌匀，撒上少许蛋黄末，搅拌匀，续煮片刻至沸腾，关火后盛出，装在小碗中即成。

红薯莲子粥

◎烹饪方法: 煮　　◎口味: 鲜

原料

红薯80克，水发莲子70克，水发大米160克

做法

1.将泡好的莲子去除莲子心；洗好去皮的红薯切片，再切条，改切成丁。2.砂锅中注入适量清水，用大火烧开，放入去心的莲子，倒入泡好的大米，搅匀。3.盖上盖，烧开后用小火煮约30分钟，至食材熟软，揭盖，放入红薯丁，搅拌匀。4.盖上盖，用小火煮15分钟，至食材熟烂，揭盖，将锅中食材搅拌均匀，将煮好的粥盛出，装入碗中即成。

烹饪时间 Times 47分钟